学衡尔雅文库

主编　孙江

南京大学文科"双一流"专项经费资助

李青 著

功利主义

Utilitarianism

江苏人民出版社

图书在版编目(CIP)数据

功利主义/李青著.--南京:江苏人民出版社,
2023.1(2023.7 重印)
(学衡尔雅文库/孙江主编)
ISBN 978 - 7 - 214 - 27042 - 9

Ⅰ.①功… Ⅱ.①李… Ⅲ.①功利主义-研究 Ⅳ.
①B82 - 064

中国版本图书馆 CIP 数据核字(2022)第 040480 号

书　　　名	功利主义
著　　　者	李　青
责 任 编 辑	陈　颖
特 约 编 辑	王暮涵
装 帧 设 计	刘　俊
责 任 监 制	王　娟
出 版 发 行	江苏人民出版社
地　　　址	南京市湖南路 1 号 A 楼,邮编:210009
照　　　排	江苏凤凰制版有限公司
印　　　刷	南京爱德印刷有限公司
开　　　本	850 毫米×1168 毫米　1/32
印　　　张	6　插页6
字　　　数	119 千字
版　　　次	2023 年 1 月第 1 版
印　　　次	2023 年 7 月第 2 次印刷
标 准 书 号	ISBN 978 - 7 - 214 - 27042 - 9
定　　　价	38.00 元

(江苏人民出版社图书凡印装错误可向承印厂调换)

回看百年前的中国,在 20 世纪之初的十年间,汉语世界曾涌现出成百上千的新词语和新概念。有的裔出古籍,旧词新意;有的别途另创,新词新意。有些表征现代国家,有些融入日常生活。

本文库名为"学衡尔雅文库"。"学衡"二字,借自 1922 年所创《学衡》杂志英译名"Critical Review"(批评性评论);"尔雅"二字,取其近乎雅言之意。

本文库旨在梳理影响近现代历史进程的重要词语和概念,呈现由词语和概念所构建的现代,探究过往,前瞻未来,为深化中国的人文社会科学研究提供一块基石。

目录

引言

"功利主义"这个词并非源于中国，而是标准的舶来品，对应的英文词为 Utilitarianism。 Utilitarianism 是在 17、18 世纪给整个英国社会的转型发展带来深刻变化的概念，至今仍然对西方国家的社会治理发挥着影响。 这样一个在历史上曾发挥过重大作用的思想，最早是怎样被提出的？ 当初的意涵是什么？ 它在西方资本主义社会发展过程中具体发挥了怎样的作用？ 其后又是如何从国外传播到中国的？ 它的具体传播路径是什么？ 传播过程中其含义又是如何变化的？ 为何采用 "功利主义"作为中文译词？

　　在当前中国社会生活中，似乎每个人都能在各方面感受到功利主义的影响，诸多事物都和功利主义有着这样或那样的关联。 就连自 1978 年开始的这场使中国发生翻天覆地变化的改革开放也和功利主义有着难以切割的关系。 有学者指出，"中国最近 20 多年来关于改革开放的哲学、伦理、经济、政治和法律理论之发生与演变，实际上不过是在中国的语境下重复或重述功利主义的话语。"①

功利主义于清末随着西学东渐的大潮进入中国，至今已一百多年，在此期间介绍及研究功利主义的文章、书籍不计其数，对功利主义概念的理解和接受似乎不应有问题。但目前大多数中文语境下的功利主义却往往与"利己主义"挂钩，将其解释为急功近利、只讲利益不讲道义的利己主义行为方式。功利主义甚至被认为是一种不道德的价值观，被理解为鼓励人们只关注自身目的而不顾他人和共同体利益。按照汉语的习惯用法，当我们说一个人"功利"的时候，几乎是完全贬义的，甚至有时就用于直接否定这个人的道德人格。如果从传统文化的渊源来看，中国历史上的"义利之辩"应该对中国民众理解功利主义有较大的影响。那传统的"义利之辩"与功利主义之间是什么关系？功利主义作为西方的现代概念在引进中国并被理解接受的过程中，中国传统文化对其又产生了怎样的影响呢？由此可见，弄清楚功利主义思想的来龙去脉，掌握功利主义概念的准确内涵，无论对学术研究还是理解日常生活都非常有必要。

回答这些与功利主义相关的问题，通常需要进行功利主义相关文本的历史溯源，包括考察其词语的变化过程。本书在认真校核历史文献的同时，更加注重从一个不同的视角去考察并

---

① 夏勇：《中国民权哲学》，北京：生活·读书·新知三联书店 2004 年版，第 290 页。

理解功利主义。 作为一种尝试，本书在研究过程中尽可能让功利主义回归到当时社会的历史语境，不局限于有关功利主义典籍资料的文本，更注重对功利主义不同发展阶段的考察，将Utilitarianism 的提出、后续的传播和接受与其所要回应的社会时代问题结合起来，试图尽可能还原功利主义在传播过程中与不同阶段社会实践的互动关系。 这是因为功利主义作为一种实践性和实用性极强的现代学说，原本就来自社会现实的道德、政治和其他相关问题，是为了在社会转型过程中确定新的社会原则并解决现实问题而问世的。 如果仅以传统经典文本为主进行研究，在呈现功利主义理论特性的同时往往会忽略功利主义不同发展阶段的特征，消解功利主义在推动社会改革实践活动中的历史作用，充其量只能呈现功利主义整体性的理论特性，却难以揭示功利主义所具有的实践性特点。

本书希望通过这种反思性的考察思路，可以凸显功利主义本身的丰富性及其内在张力，挖掘并反映出功利主义思想更完整的面貌和理论关怀。 特别是在讨论功利主义在中国的传播和接受时，结合中国传统思想观念的影响进行考察，揭示功利主义在中国语境下所发生的一些现象，并力求给出尽可能清晰并合乎逻辑的解释。

第一章

功利主义在英国的提出

回顾英国思想史发展过程，Utilitarianism 概念始创于工业革命后的英国社会，由边沁（Jeremy Bentham）首先提出，后经穆勒（John Stuart Mill）修正而形成功利主义思想体系，人们通常将边沁和穆勒的功利主义学说称为古典功利主义。

第一节　功利主义提出的时代背景

Utilitarianism 产生于 18 世纪中叶发端的英国工业革命时期。工业革命带来了社会生产方式的重大变革，大机器工业代替手工业，机器工厂代替手工工场，社会生产力飞速发展，劳动生产率空前提高。这是英国从传统农业社会过渡到现代工业社会的历史性转折，英国社会经济发展从此翻开新的一页，走上资本主义经济发展的快车道。几十年内，英国由一个落后的农业国一跃成为世界上最先进的资本主义工业强国。

但工业革命不仅带来了英国经济的显著变化,也对英国社会、政治、法律等方面产生了前所未有的影响,从而导致了深刻的社会变革。英国原有的封建传统社会形态和现代社会形态之间产生了巨大的张力,其内在的驱动是传统体制不再适应现代社会发展的各种要求。整个社会需要从一种稳定状态过渡到另一种稳定状态,即从传统社会转型为现代社会。随着这种现代社会转型的发生,社会生活的各个领域都不可避免地发生深刻变革,涉及政治结构、经济结构和文化观念等诸多方面。

边沁正是在英国社会转型的这个关键时期,从英国法律制度改革切入,提出了以"最大多数人的最大幸福"为核心的功利主义思想,并以此作为法律制度的改革原则,该原则最终成为整个英国社会改革转型的社会原则。当时的英国社会处于自由资本主义市场经济发展时期,利益关系正取代政治依附关系,社会的原则取代政治的原则,自由竞争秩序取代世袭等级秩序,个人利益被提升到了最高的地位。这种变化的必然结果是个人利益成为道德的基础,自由竞争成为道德的实质,公共利益成为最大多数个人利益的总和。资本主义这种以个人主义为基础的发展机制正需要一种与其对应的社会制度的支持,但新的社会制度的建立首先需要明确新的社会原则,然后才能以新的社会原则作为标准来衡量旧的社会制度并决定取舍,即只有先确认新的社会原则,才能够决定如何改革旧的社会制度并建立新的社会制度。而边沁提出的功利主义原则符合当时英国社会的资本主义经济发展要求，顺应了资本主义经济背后所包含的个人主义精神，功利主义思想的问世完全契合社会转型这种最基本的需要。也就是说，"最大多数人的最大幸福"原则之所以被英国社会接受，根本原因是原先的封建社会制度完全不能匹配资本主义工业化的转型要求，需要新的社会原则来指导这种社会转型，以迎合新的资本主义社会发展阶段。

无论根据英国社会的演进历史，还是英国政治思想的发展轨迹，我们都不难发现功利主义在这个历史阶段出现的合理性。甚至可以说，在英国资本主义形成发展的关键阶段，功利主义发挥了非常重要的作用。归根到底，"最大多数人的最大幸福"原则之所以被英国社会接受，根本原因是英国社会转型的历史性需要。

第二节　边沁的思想关怀

功利主义之所以问世，除了其本身适应了社会发展的时代需求外，功利主义思想创始人边沁本人的思想关怀及其政治实践的出发点也发挥了很大的作用。

1748年2月15日，边沁出生在伦敦一个富裕的律师家庭，他幼年身材矮小瘦弱，性格安静善良，聪颖好学。早熟的他3岁开始学习拉丁文，受到良好的家庭教育；7岁进入伦敦威斯敏斯特学校；12 岁进入牛津大学女王学院开始大学学习，据说是当时最年轻的被录取学生。 边沁父亲希望他学习法律，日后成为英格兰大法官。 边沁从牛津毕业后，根据父亲的意愿，进入林肯律师学院学习法律，并在高等法院法庭见习。 边沁从林肯律师学院毕业并获得律师执业资格后，经历了短暂的律师生涯，这段经历让他对英国律师的非职业化和司法制度的现状深感失望，热切期望对当时的英国司法制度进行改革。 边沁此后将主要精力放在理论著述上，致力于推进英国的法律制度改革，并用几乎一生的努力试图建立一套全面完善的法律体系，特别是功利主义原则指导下的法典化体系。 他还曾自荐为英国、法国、美国、俄国、波兰、西班牙、葡萄牙等多个国家编撰法典，并向"世界一切崇尚自由的国家"呼吁编撰法典。

根据边沁书信记载，他很小的时候就志存高远，开始思考人类的发展问题，希望能够做一些事关人类命运的工作。 他自信有朝一日必能"打扫奥奇国王的牛屎"[1]。 边沁曾说："爱尔维修之于道德界，正如培根之于自然界。 因此，道德界已有了它的培根，但是其牛顿尚待来临。"[2]怀着成为道德界之牛顿的自我期许，他开始了作为哲学家和改革家的漫长职业生涯。 而此时英国的社会弊病和法律体制的不公正是其格外关注之处，

---

[1] 这是来自希腊神话的一个典故，比喻清理藏污纳垢之地或处理长期积累难以解决的问题。
[2] ［英］罗素：《西方哲学史》下卷，何兆武、李约瑟译，北京：商务印书馆 1982年版，第 267 页。

并促使他下定决心一生献身于立法，直接参与改造社会。

不可否认，边沁的个人修养和致力于人类进步的志向是他创建古典功利主义的重要因素之一，许多学者对此给予了高度评价。蒙塔古（F. C. Montague）指出，"边沁易动恻隐之心，乐于扶危济困。任何事物只要边沁认为有利于造福人类，他就非常关注；从事改革事业，既未给他带来金钱，也未给他带来高位，反而使他屡受讥讽，甚至辱骂，但他仍然为改革事业长期辛苦劳累；由此可见他对人类存心之仁厚。"[1]英国法学家和宪法学者戴雪（A. V. Dicey）同样对边沁有非常高的评价："现代英国法律的历史就是一部由一个人的思想所引发而发生彻底变革的历史。……边沁天才般的禀赋在于他认识到立法是一门艺术，并为立法引入了通常用于科学发现或改进机械发明的创造性才华和资源。……当下我特别强调，我们更有可能是低估而不是高估了边沁的影响。……我想要坚持这样一个看法，就是边沁拥有两种极为罕见的才能。他的天赋极高。他说服了他那一代人，或者更确切地说，说服了他们当中最优秀的人相信，为了公共福祉，人们是可以在明确的原则基础上，对法律进行系统性改革，例如，边沁甚至设想了可以实现法律改革这一目标的具体步骤。即使假设他对公共福祉的看法有错误，或者假设他的观点不完善，但是我们想想，历来鼓动法律改革的

---

[1] 蒙塔古："编者导言"，载［英］边沁《政府片论》，沈叔平等译，北京：商务印书馆 1995 年版，第 17—18 页。

人士可不少，可又有几个人设想出了一个新的法律体系，哪怕是设想出的法律体系将就着能用也行啊。假如今天有人和边沁一样有才华，那么，他应该可以提出一个系统的带有社会主义色彩的改革或创新方案；如果他精通英国现行法律；如果他已经坚持宣讲了他的主张有 60 年之久；如果他现在终于在世界明显倾向于社会主义的时候，创建了一个非主流学说，拥有一批热心追随者，也引起了主要政治家的注意，我认为此人的影响可能是灾难性的，但我更相信他的影响是巨大的。而所有的这些假设，我认为，边沁是名副其实的……当然，我完全承认边沁的社会改革工作是由受他间接影响的人实施的。尽管如此，但我仍然坚信他的影响力确实要远大于我们现在的想象。"①

维纳（Jacob Viner）评价，边沁是一位成功的社会改革家，历史上除了马克思之外，边沁或许比其他人更成功。② 恩格尔曼（Geza Engelmann）也指出，"与此同时，我们在他的作品中发现了对阶级对抗和政治腐败的深刻描述。没有任何社会主义者或共产主义者，甚至马克思，都没有像边沁那样以一种有意识和热情的方式揭露和担忧阶级统治和政治剥削的弊端。"③哈特（H. L. A. Hart）对边沁的思想高度用"雄鹰般观

① Richard A. Cosgrove：*The Rule of Law：Albert Venn Dicey，Victorian Jurist*，Basingstoke：Palgrave Macmillan，1980，pp. 181 - 183.
② Jacob Viner，Bentham and J. S. Mill：The Utilitarian Background，*The American Economic Review*，Vol. 39，No. 2，pp. 361 - 362.
③ Geza Engelmann：*Political Philosophy From Plato to Jeremy Bentham*，New York and London：Harper and Brothers，1927，p. 337.

其大略的眼睛"一类的词语来赞扬，称其普遍化的结论可适用于广泛的社会生活领域，他同时还赞赏边沁具有"苍蝇般洞幽入微的眼睛"，重视实践细节，令人印象深刻。[1]

尽管边沁提出功利主义思想不免也受到了其他思想家的启发，但他立志高远，试图为人类改变命运而努力的激情，也是他提出古典功利主义的重要原因之一。这种立志改变人类社会的思想高度，对我们理解边沁在当年历史语境下如何提出古典功利主义的思想很有帮助。

第三节　功利主义主要内容

边沁作为功利主义思想的最重要奠基人，一生著述颇丰。最常被引用的著作是 1776 年《政府片论》（*A Fragment on Government*）和 1789 年《道德与立法原理导论》（*An Introduction to the Principles of Morals and Legislation*），边沁思想的主要内容见于这两部著作。《政府片论》提出了功利主义的大纲；《道德与立法原理导论》叙述了他的法律思想及功利主义哲学世界观，相对系统地对功利主义进行了全面阐述。

---

[1] ［英］哈特：《哈特论边沁：法理学与政治理论研究》，谌洪果译，北京：法律出版社 2015 年版，第 4 页。

这两本书所阐述的功利主义伦理学和立法思想，标志其功利主义法学体系的形成。边沁其后还发表了一系列重要著作，如《圆形监狱》（*Panopticon*，1791）、《立法理论》（*Theory of Legislation*，1802）、《功利主义示范学校纲要》（*Chrestomathia*，1815）、《议会改革计划》（*Plan of Parliamentary Reform*，1817）、《宪法论原理》（*Constitutional Code Rationale*，1822）、《司法证据原理》（*Rationale of Judicial Evidence*，1827）和《宪法典》（*Constitutional Code*，1830）等，涉及政治学、经济学、法学、宪法学、教育等众多领域。

边沁功利主义思想的主要内容包括以下三个方面：

1."最大多数人的最大幸福"原则

边沁功利主义思想的核心是"最大多数人的最大幸福"原则。1776年，边沁在《政府片论》中首次阐述了"正确与错误的衡量标准是最大多数人的最大幸福"[①]这一基本原则，提出以此原则作为标准，衡量个人行为以及一切社会制度和政策的正确与错误。

当时，通过前期启蒙运动的洗礼，加之资本主义发展的内在要求，个人主义及平等自由观念在英国人的思想意识领域开始逐步建立起来。新的时代逐步将人从等级秩序和宗教主导的目的论中解放出来，个体的人逐步成为独立主体，不再依附于

---

① ［英］边沁：《政府片论》，沈叔平等译，北京：商务印书馆1995年版，第92页。

他人或神灵，也不会简单地接受神的戒律，其行为也不再简单地受某种目的论的约束。此时边沁提出的功利主义思想即"最大多数人的最大幸福"迎合了新时代的世俗要求，是当时社会伦理意识的必然选择。因为功利主义本身就包含着个人主义及相应的自由平等的前提，具有如下特点：人是重要的，并且每个人都同等地重要；应该同等程度地对待每个人的利益；正当的行为将使功利最大化。这也就意味着，坚持世俗特点和功利最大化要求的功利主义要争取的是最大多数人的最大幸福，反对只是追求少数人的利益。

事实上，在当时社会变革的历史背景下，边沁提出的这个新原则不仅被运用于他当时努力推动的英国法律制度改革，随后也被推广使用于整个英国社会的改革，作为重要的社会改革原则来指导当时社会改革的具体实践活动。这是因为"最大多数人的最大幸福"作为一种新的社会原则，具有鲜明的时代特征，功利是商品经济关系中最基本的因素，功利主义非常符合当时资本主义商品经济发展的时代需求，迎合了当时绝大多数人的心理，满足了资本主义社会发展的需要。

2. 建立在人性论基础上的"苦乐原理"

边沁关于功利主义的阐述有一个基本前提，即以经验主义人性论的"苦乐原理"为基础。他在《道德与立法原理导论》开篇就明确指出："自然把人类置于两位主公——快乐和痛苦——的主宰之下。只有它们才指示我们应当干什么，决定我们将要干什么。是非标准，因果联系，俱由其定夺。凡我们所行、所言、所思，无不由其支配：我们所能做的力图挣脱被支配地位的每项努力，都只会昭示和肯定这一点。一个人在口头上可以声称绝不再受其主宰，但实际上他将照旧每时每刻对其俯首称臣。"①

这是边沁从英国经验论立场出发，通过建立在人性论基础上的"苦乐原理"对功利主义的立论进行经验式的、直白的简单论证。边沁曾指出，"苦乐原理"是自明的，无须推导论证。边沁将道德标准归结为快乐和痛苦的体验，将经验主义关于个人趋乐避苦的本性即"苦乐原理"作为其学说的基石，确立了苦乐在人行为中的支配地位——作为人行为的最终目的。

尽管边沁当时并没有对功利原则进行详细的哲学推导证明，为此日后还遭到诟病。事实上，边沁提出的功利主义思想完全可以在哲学上得到他原创的"虚构理论"的支持，该理论具有本体论和认识论的哲学特质。边沁继承了英国经验论传统，拒斥一切超出感觉经验范围的形而上学和宗教主张，尽管"幸福"和"善恶"属于抽象名词，没有具体形态，但基于边沁的"虚构理论"，可以将"幸福"和"善恶"与现实世界中人的真实感受"快乐"和"痛苦"联系起来，从而获得其合法性。

---

① ［英］边沁：《道德与立法原理导论》，时殷弘译，北京：商务印书馆 2000 年版，第 58 页。

3. 从后果判断行为效果的原则

功利主义的上述核心主张决定了边沁的理论必然主张后果论，即主张从后果判断行为效果的原则。任何行为的效果不是抽象的，而是具体的，每一个行为的正确性都必须由该行为的效果来证明。这种对行为后果的评价也是一种道德评价，即以效果而非动机作为判断行为是非善恶的标准。具体地看，它有两个主要部分：其一，对内在价值或根本上的善的规定，将快乐看作是具有内在价值的东西；其二，对于正当和善的关系的规定，认为道德上正当的行为就是那些能最大限度地实现内在价值的行为。这就是功利主义评价的基本框架。

效果论或目的论是边沁功利主义的基本特征之一。在边沁看来，行为和实践的正确与否、行为在道德上的正当与否，不取决于行为自身或行为者的动机，只取决于受这些行为和实践影响的所有当事人的普遍幸福，即该行为产生的总体后果所体现出的行为的善或恶。这是功利主义区别于其他伦理理论的又一个特点，也是功利主义与其他伦理理论之间冲突、争论的焦点。

4. 边沁的虚构理论(Theory of Fiction)

边沁的虚构理论是功利主义思想的哲学基础，边沁诸多方面的工作都可以从他的哲学思想获得必要的理论支持，其范围涉及法律、经济、道德、数学、物理学及其他自然科学等。尽管这是边沁思想体系的重要组成部分，却常常在讨论边沁思想体系时被人们忽略。常有人批评边沁的理论缺乏原创，没有哲学基础，基本上是对"日用而不知"的经验概念进行总结而流于庸俗，这是由于各种原因导致人们普遍对边沁的虚构理论缺乏了解。实际上，虚构理论思想完全具有哲学原创性并超越了边沁当时所处的时代。边沁出于对英国法律理论及实践结果所导致的非常严重的社会问题的厌恶，对已有的体制及法律制度进行了深入探索，通过对语言的哲学思考，结合传统经验主义要义，创造性地建构了一套具有本体论和认识论特质并可以完全自洽的虚构理论，反映了边沁对现实世界形式和本质的理解。虚构理论的理论内涵大体上由两部分内容组成：一是当时流行的英国经验主义（empiricism）认识论的核心观点；二是边沁从哲学意义上对语言的创造性引入。英国经验主义的典型表达为"存在就是被感知"，边沁采纳了经验主义观点用于理解主观感知与外部实体的关系，同时边沁从哲学意义上引入了语言作为虚构理论的支持，注入了新的理论解释能力，不仅体现了虚构理论的原创性，也使得虚构理论得以克服经验主义认识论未能解决的问题，保证了虚构理论的自洽性。

作为一套完整认识外部世界实体的理论体系，边沁首先定义外部世界实体，"实体（entity）就是一种名称，在这种名称中，话语涉及的每一个主题都可被包含其中，可使用名词—实体这样的语法词类的命名。"①边沁创造性地提出将实体分成两

---

① J. Bowring ed., *The Works of Jeremy Bentham*, Volume 8, Edinburgh William Tait, 1838 - 1843, p. 195.

个部分：一部分是真实而具体的物质实体，这些物质实体是人可以直接感知到的，边沁将其命名为真实实体；另一部分虽然不是真实而具体的物质实体，但作为人类沟通的一部分语言用名词，不可或缺地出现在人类日常生活中，如权利、义务、自由等概念，边沁将其命名为虚构实体。同时，边沁还定义了虚构实体必须满足的合法性条件，即该虚构实体需要与某真实实体建立起联系。虚构实体可以被分成几个不同层别。它们确实或可以被安排成以真实实体为中心向外延伸的同心圆模式。第一层虚构实体包括运动和静止、物质、形式和形象、空间、时间、关系等。第二层虚构实体包括品质和集体实体（包括属、种和事件集合，如战争），它们是真实实体或事件的集合，所有这些实体或事件都有一些共同属性。更高层极的虚构实体包括心理实体、意志和规范性虚构实体，涉及权利、义务、自由、美德和邪恶等。对虚构实体也可以简化分为以下三类：一是物理性的虚构实体，它们主要涉及物理客体的属性，如数量、质量、大小等；二是心理性的虚构实体，如欲望及各种情绪等；三是政治性的虚构实体，如权利、义务、自由、善恶、幸福等。

虚构理论中，边沁也专门将上帝及灵魂类的概念进行了归类处理。边沁指出："由于人类感官的不完善，上帝不能被归入可感知的真实实体类别"[1]，上帝被归类于非实体（non-

---

[1] J. Bowring ed., *The Works of Jeremy Bentham*, Volume 8, Edinburgh William Tait, 1838 - 1843, p. 196.

entities）。 边沁认为上帝无法被感觉所证实，它们的真实与否最后只能有赖于每个个人的信仰或信服，"所谓上帝的意愿无非是也必定是那个讲他相信或者假作相信上帝的人的意愿"。[①] 而对于灵魂这种由推理而不是由感知而出现的对象，尽管被归入虚构实体，但按照虚构理论的定义，由于其并不能与真实实体联系起来，最终也得不到承认。 出于类似的理由，不仅是灵魂，边沁将女巫、天使、恶魔、神、金山、独角兽等也一并列入此类。 甚至当原始社会契约被认作虚构实体时，这种原始社会契约由于不能发现当时的契约制定者，无法与真正实体相关联，故所谓原始社会契约的合法性也无法得到承认。 这种带有唯物主义色彩的虚构理论为边沁日后处理诸如上帝、自然法之类问题提供了必要的理论基础。

第四节　边沁功利主义思想的形成

对边沁的思想形成有较大影响的首先包括苏格兰启蒙运动。 该运动高潮时期约为 1740 年至 1790 年，其中苏格兰哲学家哈奇森（Francis Hutcheson）是苏格兰启蒙运动的领军人

---

① ［英］边沁：《道德与立法原理导论》，时殷弘译，北京：商务印书馆 2000 年版，第 80 页。

物，为苏格兰启蒙运动完成了许多基础理论工作。由于苏格兰启蒙运动发生在政治转型完成后，此时苏格兰启蒙思想家主要关注的是经济与社会的发展问题，即经济自由如何为工业革命、商业革命创造条件，以及市民社会的完善。哈奇森通过对人性的研究，提出了以道德（公共善，整体善）作为社会合法性的标准，使自利的个体与公共利益取得了一致。他反对社会契约论思想，坚持一种社会进化的观点。在哈奇森看来，国家政权的建立主要在于两个条件：人们的同意和能促进人们的普遍幸福。统治者的主要任务、法律的主要目的是促进最大多数人的最大幸福。哈奇森的道德哲学对苏格兰的启蒙运动产生了重要影响，如政治经济学领域对个人利益与公共利益的关系等问题的讨论，正是得益于哈奇森的理论贡献，从而形成了有苏格兰特色的思想启蒙之路。另有研究证明边沁"最大多数人的最大幸福"短语的源头实际上就是来自哈奇森。① 当我们将边沁的学说与哈奇森的启蒙理论进行比较，不难发现苏格兰启蒙运动所特有的"经验理性"（又称为"常识理性"）即坚持理性范围在于事实领域（经验世界），与古典功利主义的认识论在本质上完全一致，边沁在社会改革中对政府作用的定位与哈奇森的理论几乎相同。而哈奇森启蒙理论在苏格兰历史发展中

---

① Robert Shackleton：*The Greatest Happiness of the Greatest Number*：*The History of Bentham's Phrase*，1972. 沙克尔顿查阅大量原始资料并研究了各种版本的语言及意义上的变化，澄清了该概念的演变路径。边沁书信集中有关边沁发现该短语记述过程上的矛盾，很可能是由于边沁自己不确定的回忆导致鲍林记录混乱。

的引领作用与边沁功利主义原则在随后推动整个英国社会改革的实际效果上有极大的相似性，这样两种理论在学理上的融合可以得到完全自洽周全的解释。

除了苏格兰启蒙思想的影响外，根据有关史料，法国启蒙思想对边沁的思想形成也有比较密切的影响。 边沁功利思想与法国启蒙思想的关系，也可以从边沁与法国文化以及法国百科全书派启蒙思想家的交往等诸多方面得到验证。

边沁虽然是在英国受教育，但幼年就学习了法语，16 岁随父亲一起游历了法国。 特别是 1770 年，边沁学校毕业后不久即游访法国，曾与多位哲学家讨论哲学、法律等问题，使得边沁在思想形成的重要阶段，有机会接触到了大量的法国思想。

启蒙运动是欧洲在"文艺复兴"后迎来的再一次思想解放。 它的一大特点是撕下了上帝头上的神秘面纱，对中世纪后的神学教条展开了彻底的批判。 法国启蒙思想家认为，人和自然界一样有自身发展的规律，更应该有和自然界相同的自由发展的权利，而违背人意愿的统治都应该被打倒、更换。 而法国启蒙思想带有的这种非常彻底的革命因素无疑与边沁古典功利主义所表现出的"激进性"在思想本质上完全一致。

法国启蒙思想家爱尔维修（Claude Adrien Helvétius）是法国启蒙运动中的重要人物之一，是当时抨击封建政权的相当激进的学者，他对边沁的思想也有很大的影响。 他著有伦理学著作《论精神》（De l'esprit），1758 年出版后对欧洲旧观念、旧思想带来了很大的冲击，使人们重新审视道德规范和相关的政治

和法律问题,并改变了人们思考问题的方向。 有关爱尔维修对
边沁思想的影响,在边沁的书信集中也有明确的记载。 边沁在
1776 年 11 月的信中写道:"我在爱尔维修铺设的功利的基础上
建构了(自己的思想)。"①1778 年 4－5 月间写给 Rev. John
Forster 的信中注明,"我从爱尔维修那边获得的教导,让我逐
渐放弃这个想法。 在他那里,我获得了一个标准,去测量人们
会追寻的事物的相对重要性……通过他,我学习到了将考察任
何制度或者追求增进社会幸福的趋势,作为唯一的考量及对其优
势的衡量(的标准)……"②1818 年 12 月给 William Plumer Jr. 的
信中回忆道,"当我大约 22 岁、23 岁或 24 岁时……我对爱尔维
修在《论精神》中,以不完美的方式在一定程度上被展开和呈
现的功利原则表示震惊……"③边沁曾说,"1769 年对我来说是
最有趣的一年……孟德斯鸠、巴灵顿、贝卡里亚和爱尔维修,
但最重要的是爱尔维修,让我遵循功利原则"④。 以上这些文
献都佐证了边沁的功利主义思想在很大程度上确实受到了爱尔
维修的启发和影响。

---

① The Collected Works of Jeremy Bentham, *The Correspondence of Jeremy Bentham*, Volume 1, London: UCL Press, 2017, p. 367.
② The Collected Works of Jeremy Bentham, *The Correspondence of Jeremy Bentham*, Volume 2, London: UCL Press, 2017, p. 99.
③ The Collected Works of Jeremy Bentham, *The Correspondence of Jeremy Bentham*, Volume 9, Oxford University Press, 2000, p. 311.
④ The Collected Works of Jeremy Bentham, *The Correspondence of Jeremy Bentham*, Volume 1, London: UCL Press, 2017, p. 134.

事实上，除了爱尔维修的影响外，边沁和伏尔泰（Voltaire）①、达朗贝尔（Jean le Rond d'Alembert）、莫雷莱（André Morellet）等法国启蒙思想家均有联系。由于边沁从小熟悉法语，1774年，边沁翻译了伏尔泰的 The White Bull，并写了一个长篇序言。该书是伏尔泰晚年发表的哲学故事之一，伏尔泰在书中提出：正是圣经将基督宗教转变为伪造故事，从而否定了圣经的权威及其神圣起源，边沁也在书的前言中加入了自己对圣经注释的讽刺。1778年，边沁将他的《政府片论》寄送给了达朗贝尔、莫雷莱和查斯特卢（François Jean de Chastellux）。② 两年后，当边沁出版了他的第一部签名作品《艰苦劳动法案的见解》（A View of the Hard Labour Bill）时，他又送给了达朗贝尔和莫雷莱。事实上，边沁从很早就开始运用他对法语的掌握，在欧洲思想界为自己开辟了一席之地，进入一个充满哲学、讽刺和辩论的激进世界，并且打开了通往激进哲学世界的大门。③ 边沁在1789年给莫雷莱的信中写道："对于为我选择的指引者，我没有从英国大学老师、僧侣这里得到任何东西。那些我碰巧为自己选择的，几乎从他们这

---

① 原名弗朗梭阿-马利·阿鲁埃（François-Marie Arouet）。

② The Collected Works of Jeremy Bentham, *The Correspondence of Jeremy Bentham*, Volume 1, London：UCL Press，2017，Introduction，p. xxxii.

③ Emmanuelle De Champs：*Enlightenment and Utility*，Cambridge：Cambridge University Press，2015，p. 29.

里获得了所有我珍视的一切的是法国人,如爱尔维修、达朗贝尔、伏尔泰,更别提生活中的,我在和别人交流中无法避免的人物。"①边沁自己认可对他产生影响的主要是法国的百科全书派的这几位关键人物,而法国的百科全书派思想曾在法国启蒙运动中扮演过非常独特的角色。 在伏尔泰和达朗贝尔的思想与功利主义原则的契合度方面,伏尔泰坚定反对神学权威的态度和边沁功利主义强调最大多数人的幸福的思想是一脉相承的(即幸福不属于特定阶层)。 而达朗贝尔作为法国百科全书派的思想家,对边沁的影响主要在科学主义、认识论与唯物主义层面。

另外,贝卡里亚(Cesare Beccaria)也对边沁的思想形成发挥了很大的作用。 贝卡里亚所提出的刑法原则吸收了法国启蒙哲学中的要点,它们不仅代表着新兴资产阶级的阶级利益、价值观念和法权观念,而且还凝聚着当时先进的政治学、伦理学、心理学等科学理论的思想。 贝卡里亚认为,人的一切行为均受物质利益和需求的支配,犯罪不是什么"自由意志"的结果,而是人们在一定条件下趋利避害的必然性抉择,这种抉择对于任何一个具有正常本性的人而言都是无可厚非的,关键还是人的趋利避害的本性。 在边沁书信集中,能发现边沁多次提到了贝卡里亚的《论犯罪与刑罚》及刑法学相关理论。

---

① The Collected Works of Jeremy Bentham, *The Correspondence of Jeremy Bentham*, Volume 4, London: UCL Press, 2017, p. 51.

更加重要的是贝卡里亚和边沁两者的思想在学理上是相通的，都是继承了法国启蒙思想的核心，并且对外都具有激进的彻底性。

综上，我们了解到苏格兰启蒙思想和法国启蒙思想作为外部学说资源曾在功利主义形成过程中有所贡献，而边沁有关虚构理论的思考，据斯科菲尔德对边沁虚构理论形成过程的研究①，应该始于边沁早年的经历。由于边沁从小对鬼魂非常恐惧，这种真实的恐惧出于他自己的想象，虽然边沁知道这些恐怖来源并不存在，然而当他在黑暗的房间里一躺下，如果房间里没有其他人，这些恐怖的"神"就会冲出来袭击他。正是从孩提时起，边沁就被迫面对"真实"和"想象"的结果。可能正是在鬼怪幽灵的恐怖基础之上，边沁逐步具有了一些关于"真实"和"虚构"的认识。有关边沁建构虚构理论的时间，综合相关文献记载，可以大体确定为 19 世纪的第二个十年。其经验主义认识论思想应该与经验主义的代表人物洛克（John Locke）、贝克莱（George Berkeley）和休谟（David Hume）相关。语言哲学思想渊源不仅涉及洛克、康迪拉克（E. B. Condillac）和图克（J. H. Tooke），还可以追溯到爱尔维修、休谟、达朗贝尔、孟德斯鸠（Montesquieu）、贝卡里亚。边沁尽管借鉴了其他哲学家的部分观点，但他非常具有创意地将经

① Philip Schofield: *Utility and Democracy*：*The Political Thought of Jeremy Bentham*, New York：Oxford University Press Inc., 2006, pp. 1 - 9.

验主义认识论与语言的使用结合起来，从而使虚构理论具有了原创性。

第五节　功利主义指导下的英国社会改革

边沁及其他激进主义者有关功利主义原则的运用并没有停留于理论上的诘问，而是针对当时英国社会所存在的各种实际问题，根据功利主义原则提出了切实的社会改革方案，努力践行并取得了显著的成果。

奥格登（C. K. Ogden）1932年在边沁逝世百周年纪念会上列举了与边沁有关的二十余项社会改革成果，涉及以下诸方面：议会代表制度改革；刑法改革；废除流放罪；改善监狱；废除因债务名义而遭监禁；废除高利贷法；整顿证据法；改革陪审团制度；废除宗教考试；改革济贫法；建立国家教育制度；储蓄银行和友好社会理念的发展；非营利的低价邮资，包括邮政汇票；完整而统一的出生、死亡和婚姻登记；商船守则；全面的人口普查报告；议会文件的分发；发明家的保护；制定议会法案的统一和科学方法；不动产登记册；公共卫生立法；等等。①

----

① C. K. Ogden：*Jeremy Bentham（1832－1932）*，London：K. Paul, Trench, Trubner & Co., Ltd, 1932, p. 19.

波兰尼（Karl Polanyi）在其著名的《大转型》（*The Great Transformation*）一书中也给出了边沁推动社会改革的成果清单，列举了边沁发起的改革建议，包括：改进专利制度；推行有限责任公司；每十年一次的人口普查；建立国家卫生部；发行鼓励储蓄普遍化的计息票据；用于蔬菜和水果的冷藏设备；由犯人或者受助穷人作为劳动者运行并且使用新技术的军备工厂；设立给中上阶层进行传授功利主义纲要教学的学校；房地产登记；公共会计制度；公共教育制度改革；兵役登记制度；高利贷自由化；放弃殖民地；推广避孕药具降低贫困率；通过股份公司改进大西洋和太平洋的连接；等等。①

边沁推动英国社会改革的大致节点如下：1776 年发表《政府片论》；1789 年发表《道德与立法原理导论》；在经历了一系列社会实践，特别是花费了若干年推动著名的圆形监狱项目失败后，他更加理解了英国社会症结，从 1808 年起关注并推动英国的政治改革，特别是针对议会改革发表了不少观点，1809 年撰写了有关议会改革问答的一系列文章；1830 年发表了著名的《宪法典》，后续的英国社会改革正是沿着该书的思路完成了一系列立法工作，实质性推动了社会转型。

1776 年，边沁发表了《政府片论》，正是这篇文章让边沁崭露头角，随后得到了英国政治家谢尔本勋爵（Lord

---

① Karl Polanyi：*The Great Transformation*，New York：Farrar & Rinehart，1994，p. 126.

Shelburne）欣赏，1781 年二人结识。 谢尔本勋爵曾经担任英
国政界高官，1782 年任英国首相。 在边沁和谢尔本勋爵因志
趣相投而成为莫逆之交后，边沁进入了谢尔本勋爵的社交圈，
结识了以谢尔本勋爵为首的辉格党圈子内的许多社会名流。 随
着时间推移，边沁逐步有了一批追随者。 1808 年，边沁结识
了詹姆斯·穆勒（James Mill）。 在穆勒的教育下，其长子约
翰也成为边沁的追随者。 通过谢尔本勋爵，边沁还认识了谢尔
本的家庭教师艾蒂安·杜蒙（Etienne Dumont）。 杜蒙对边沁
的大才充满钦佩，成为边沁的忠实追随者。 1802 年到 1828
年，杜蒙从边沁手稿中提炼和译述了五部著作，不仅将边沁的
文稿翻译成法语，而且以适合普通阅读人的方式改写和编辑了
这些著作。 他把边沁晦涩和冗长的英文转化成雅致和简明的法
文，这使边沁在法语世界的读者和追随者要远比在英语世界的
多，大大扩大了功利主义的影响并提高了边沁在海外的声誉。

功利主义对英国社会改革作出了很大的贡献，这在很大程
度上是由边沁的一批追随者所努力取得的，如非常著名的查德
威克（Edwin Chadwick）。 查德威克做过兼职记者，1828－
1829 年间，他在《威斯敏斯特评论》和《伦敦评论》上连续发
表了有关公共卫生和社会改革的文章，引起了边沁的注意。 他
们结识后，查德威克深受边沁影响，非常认同边沁的功利主义
主张，后担任边沁的文字秘书。 边沁逝世后，查德威克作为自
由职业公务员，直接参与英国社会改革工作，为修订英国《济
贫法》和推动《公共卫生法案》立法作出了巨大贡献，特别是

《公共卫生法案》对英国后来的公共卫生事业发展有重大影响，甚至对全世界公共卫生事业的发展都起到了里程碑式的作用。

18 世纪末以后，英国公共舆论要求在政治、经济和司法方面进行改革，且呼声日益强烈，合乎逻辑的理性选择必然是把不同的改革需求系统化为遵循单一的原则。因为功利主义原则代表了新兴资本主义在社会转型过程中的前进方向，当时英国众多的思想家，无论保守派还是民主派，甚至世袭财产的坚决支持者，都本能地接受了边沁功利主义原则。于是在功利主义号召下，边沁周围逐步汇聚起一批知识分子精英，形成了以边沁为精神领袖，以社会精英人士为主体的功利主义团体。他们信服边沁提出的"最大多数人的最大幸福"的学说，认可功利原则作为英国社会的改革原则，致力于首先把功利原则应用于法律领域，进而在这一原则的指导下逐步将英国社会改革落到实处。这个功利主义团体的力量并不是由于人数众多，而是由于方向清晰，而且许多成员有出色的才能，更由于他们所倡导的政策迎合了时代需求，最终取得了非常明显的成就。

1832 年，重要的议会改革法案（*Reform Bill*）在英国议会通过，边沁所倡导的立法和法律改革在激进主义者的推动下终于取得了实质性的成果。此后，许多新的法律也陆续制定，如《大都市警察法》（1829）、《教育法》（1833）、《工厂法》（1833）、《新济贫法》（1834）、《铁路管理法》（1840）、《证据法》（1845）、《公共卫生法》（1848）、《义务教育法》（1859）、《司法法》(1873)等。 在这些法律的制定过程中,边沁的功利主义思想依靠这些激进主义者的推动而得以落实,可见功利主义事业的社会实践成果不是边沁一个人努力的结果,而是在边沁功利主义思想指导下,通过一大批活跃在社会实践中的功利主义者长期努力、共同推动所取得的结果。

边沁功利主义的产生及其发展和当时英国社会的发展阶段有着紧密的联系。 一方面,功利主义运动的产生是早期资本主义社会生产状况所导致的社会思想潮流变革的直接产物,另一方面,19世纪英国社会的重大变革中几乎都可以找到功利主义的影响。 当我们考察资本主义制度基本构架的发展奠定过程,往往都能从中发现功利主义的存在。 宏观上看,当时英国社会变革的背景正是资本主义的形成和初步发展阶段,审视功利主义在此过程中的影响,不难发现功利主义从政治、经济、法律、伦理等若干方面非常契合这一阶段的资本主义形成,并为资本主义经济和社会制度的确立完善在若干方面提供了理论依据,并完成了相关的论证和辩护,对这一阶段资本主义的形成发挥了很大的推动作用。

当人们思考与探源资本主义产生及发展的动力时,马克斯·韦伯(Max Weber)认为新教伦理是资本主义产生过程中的一个重要推动因素,这种以宗教精神的视角进行其研究的思路对探源资本主义形成有一定参考价值。 如果借用韦伯的研究思路,那么我们同样有理由认为,承载着丰富内涵、影响广泛的边沁功利主义思想,也是促使资本主义社会形成、完善的一个重要推动因素。

韦伯在著名的《新教伦理与资本主义精神》一书中探讨现代资本主义的崛起时，梳理了若干条对现代资本主义的形成有重要影响的因素，如西方城市的发展及高度的政治自治，从而使得市民社会从农业封建制度下摆脱出来；完整、发达的理性法律体系不仅在某种程度上可以为商业组织本身内部之用，也为协调资本主义经济提供了一个总体框架；理性的司法实践同时也使得民族国家得以建立起对应的全职官僚行政管理体制。①

资本主义的形成必然需要对应的价值观，但这些价值观的确认和兑现如果只是停留在主观愿望的认知层面上是无意义的，重要的是它们必须遵循商品交换通行的等价交换原则及由市场交易契约所约定的各种规范性要求，从而实现资本主义生产经营的基本运转，没有资本主义经济发展所对应的这些"社会条件"，也就没有所谓资本主义的实际形成。 资本主义的发展动力正是依赖社会的政治、法律、文化以及其他相关制度的微妙安排得以实现。 当时英国的社会转型所涉及的范围无疑包括这些相关制度的建立，而功利主义正是促使这些与资本主义崛起密切相关的因素得以健全发展的重要驱动力量。 结合功利主义在此过程中发挥的作用，特别是在英国资本主义形成过程

①［德］马克斯·韦伯：《新教伦理与资本主义精神》，阎克文译，上海：上海人民出版社 2010 年版，第 24 页。

中对有关法律和国家构建的作用，不难发现功利主义对英国资本主义的发展和巩固起到了重要的奠基性作用，而整个英国社会转型中相关制度建立的最根本的原则就是边沁提出的功利原则。

国家的主要职能之一是承担对社会的统治和管理，而警察、法院、监狱等部门所构成的司法制度正是为国家制度服务的重要工具。边沁从功利原则出发切入英国社会改革的突破口就是英国司法制度改革，"最大多数人的最大幸福"原则最早就是针对英国社会司法体制所存在的问题而提出的。边沁主张用功利主义的标准重新评估所有法律条文与判例，并在此基础上进行改革。经过若干年的努力，法律改革最终取得了实质性的结果，1845年《证据法》颁布成文，1873年颁布《司法法》等。正是这样改革了阻碍资本主义发展、代表少数人利益的司法制度，才完成了容许资本主义发展的基本前提。梅因（Henry Sumner Maine）曾深刻地评价道，"边沁旨在通过运用现在与他的大名不可分的原则去改进法律。他的几乎所有较为重要的建议都被英国立法机关所采用。……我不知道，自边沁以来有任何一项法律改革的落实可以不追溯至他的影响"。① 布罗汉姆（Henry lord Brougham）对此评价道："法律改革时代与边沁的时代是同一的。他是改革中那些最重

---

① ［英］梅因：《早期制度史讲义》，冯克利、吴其亮译，上海：复旦大学出版社2012年版，第169、194页。

要领域的先辈，这些领域在人类的改善中占据引领与主导的地位。……先前所有的学者都只是仅仅解释一代代传承下来的原理。……他是大胆尝试用功利的准则检视所有法律条文的第一人，无所畏惧地调查法律各个部分之间的联系；更加勇敢地探究英国法中即便最连贯对称的规则在多大程度上及是否根据如下原则而制定，即法律必须适应社会环境，满足人们的需要，提升人类的幸福。"①从这些学者有关边沁推动当时英国法律制度改革的评价，我们也可以了解到边沁以及他的功利主义在法律改革促进资本主义形成方面所具有的历史地位。

除了司法制度外，国家对社会管理职能的另一个方面是负责对社会经济和公共事务的管理，它包括管理经济、文化、教育、卫生、邮电、交通等事业，维护社会公共秩序，兴建各种社会公共设施，保护社会环境等。这对于保持资本主义社会基本运转起着关键性的作用。从当年英国所实现的社会改革实际成效可知，这方面边沁功利主义确实是功不可没，如：建立国家教育制度；设立储蓄银行；完整而统一的出生、死亡和婚姻登记；不动产登记册；商船守则；全面的人口普查报告；建立公共卫生制度等。功利主义所推动的这些社会治理改革，覆盖了社会基本公共事务的各个方面。面对涉及现代社

---

① ［英］戴雪：《公共舆论的力量：19 世纪英国的法律与公共舆论》，戴鹏飞译，上海：上海人民出版社 2014 年版，第 126 页。

会运行管理范围如此之广的诸多方面，我们不禁感叹，在当下的现代生活中，其实许多我们已经习以为常的社会治理的诸多安排，无论是宏观层面的国家教育制度，还是全社会公共卫生管理，甚至与日常生活有紧密联系的不动产登记、避孕药具使用等，居然都和早期功利主义所发挥的作用有关。从某种意义上理解，今天人们享受的许多现代文明成果正是来自当年功利主义原则所推动的社会转型改革，可见功利主义不仅对当年资本主义形成的影响非常显著，甚至对现代社会的影响也非常深远。

英国工业革命后经济的高速发展正是早期资本主义形成的重要标志，这种资本主义经济发展是得到了经济理论的支持的。当时休谟发表了一系列经济论文①，斯密（Adam Smith）出版了《国富论》，马尔萨斯（Thomas Robert Malthus）出版了他的《人口原理》，而同一时代的边沁，不仅是古典经济学派的热情追随者，而且对古典经济学也作出了开创性的贡献。边沁在其六十多年的写作和颇具影响力的社会生涯中，撰写了不少有关经济内容的文章。②此外，《道德与立法原理导论》尽管其主要论述的是法律问题，并没有直接涉及经济理论，但却对 19 世纪经济理论的形成产生了极大影响，因为这本书所涉及

---

① ［英］休谟：《休谟经济论文选》，陈玮译，北京：商务印书馆 2009 年版。
② 边沁有关经济内容的主要作品见 Jeremy Bentham, *Jeremy Bentham's Economic Writings*, 3 vols., W. Stark ed., London: Allen and Unwin, 1954。

的功利原则，已经成为古典经济学的哲学基础。 多德
（Douglas Dowd）指出，"事实证明，到 1800 年，工业资本主
义在英国的崛起已不可逆转。 而在当时，古典政治经济学的社
会经济基础已经由三位最早的主要思想家确立：他们是亚当·
斯密、托马斯·罗伯特·马尔萨斯和杰里米·边沁。"①事实
上，边沁的效用原则影响了后来经济学效用价值论的发展。 市
场经济是以等价交换为基础的经济，价值理论是市场经济理论
中最为基础的理论之一，而支持效用价值论的哲学根据，则是
功利主义。

在经济自由主义思想方面，边沁一直主张放任经济，反对
政府对经济生活的干预。 1787 年他曾出版《为高利贷辩
护》②一书，对斯密的利率控制思想进行了彻底的批判，主张
排除政府对经济的干预，实行自由放任的经济政策。 功利主义
与自由主义经济学在市场经济底层逻辑上的本质是完全一致
的。 自由主义经济学说倡导放任经济，主张贸易自由化，强烈
要求废除食品贸易关税（谷物法）与航海法对自由贸易的限
制。 在边沁主义者推动下，1846 年，终于废除谷物法，从而确
立了以自由贸易作为英国的国家政策，为早期资本主义发展奠
定了必要的基础。

----

① Douglas Dowd: *Capitalism and its Economics*，London：Pluto Press，2000，
p. 3.
② Jeremy Bentham: *Defense of Usury*，London：Payne and Foss，1816.

在资本主义形成过程中，当时具有革命性的思想观念在反对封建主义和宗教神学，推动资产阶级革命和促进资本主义国家形成的过程中发挥了重要的作用。 而以私有制为基础的资本主义，在思想观念上的主要表现形式是个人主义。 功利主义的重要思想基础之一也正是个人主义，从推动资本主义形成的意识形态角度理解，功利主义也在此过程中扮演了相当重要的角色。 这种观念上的变革，是一切社会制度和法律变革的基础，是破除等级特权体系、建立新的社会政治制度的基础。功利原则所倡导的对社会既有体制的变革精神，更新了人们对社会制度和法律体系的观念，不仅为资本主义市场经济的正常运行扫清了种种封建保守势力的障碍，也为适应市场经济发展的要求而进行各种制度整合和立法活动作了观念上的准备。

从另一个角度看，边沁推动的社会改革运动之所以能够产生那么大的声势和社会影响，一个重要的原因是它契合了资本主义自身发展的需要。 正是功利主义所处时代的状况决定了其所承担的促使资本主义形成的现实使命，从而成就了功利主义并推动了这个急速变化的时代的发展。 在 18 世纪转换的前后40 年时间（即 1775—1815 年）中，当时这些新的生产方式、新的社会关系、新的管理方式和新的社会思想确实都带有资本主义的标签，而这些变化的背后则是功利主义的实质性贡献，特别是对逐步成熟的资本主义生产关系和社会结构的重建发挥了巨大的作用。

第六节　穆勒对功利主义的修正

功利主义发展过程中的另一关键人物是约翰·穆勒。穆勒是英国 19 世纪著名思想家，他的思想涉及诸多领域。作为英国功利主义的又一代表人物，穆勒怀着社会改革的理想，进行了积极的政治和学术活动，他通过发表《功利主义》一书，对边沁功利主义进行了详尽解释和修正，最终成为功利主义经典思想的阐释者，对功利主义的发展产生了深远影响。

穆勒首次发表《功利主义》系列文章是在 1861 年，此时英国社会已经进入经济高速发展的维多利亚时代。维多利亚时代是英国历史上最为繁荣昌盛的时期，特别是维多利亚中期，当时的英国是高收入国家，经济繁荣是英国社会发展非常显著的特征。在边沁及一批激进主义追随者的努力下，根据功利主义原则，英国已经基本完成新的社会规范性建设的基础框架，社会状况有了较大改善。原先的社会矛盾虽然没有得到完全解决，但社会矛盾的焦点已经发生了变化。这时英国资产阶级的主要任务是通过全球自由贸易发展经济，无产阶级则希望争取更多的生存与发展权利。

在这样的背景下，穆勒顺应维多利亚时代社会发展的需要，做出了与边沁不完全相同的思考，将边沁所定义的快乐进行了内涵延伸，提出不能只注重幸福的量而不注重幸福的质，特别是将追求幸福的目的与追求幸福的手段进行了置换。穆勒对幸福概念进行了共同价值观的普遍化处理，使更多的社会群体被纳入一个达成共识的社会体制中，通过论证落实功利主义社会原则的合理性，为人们发展经济、追求财富提供了合理性的理论支持。

穆勒对边沁功利主义的修正，其核心内容体现在以下三个方面：

第一，关于快乐的量的大小与质的高低。边沁认为快乐没有质的差别，只有量的不同，并据此提出了计算快乐之数量的方法。穆勒对此进行了修正，对快乐的质进行了区分，将快乐分为高级快乐和低级快乐，认为人的快乐除了身体感官的愉悦外，还有精神追求的需要，这正是人与动物区分之所在。高级快乐主要是精神方面的快乐，也包括道德情操。快乐的质和量需要并重。

第二，以幸福概念代替边沁的快乐概念。穆勒以“幸福”（happiness）一词取代了边沁的“快乐”（pleasure）和“痛苦的免除”（或“缺乏痛苦”，absence of pain）。边沁没有严格区分“幸福”和“快乐”，认为功利、善行（good）、幸福、快乐这四个概念可以相互诠释，幸福的实质性内涵就是快乐。而穆勒通过对“幸福”的论述，使快乐的内涵发生了根本性变化，扩大了功利主义概念的外延，并在论述过程中从快乐概念逐渐过渡为幸福概念。

第三，通过幸福目标与手段的转换对幸福展开了新的诠释，这是穆勒对边沁功利主义修正最重要的环节。穆勒在《功利主义》第四章"论功利原则能够得到何种证明"中，以环环相扣的严密逻辑推导，将幸福概念的范围扩大，并论证了获得幸福的手段也应成为幸福的组成部分。于是本作为手段的金钱追求被纳入幸福概念，随后穆勒运用幸福的定义和功利主义的标准完成了最后推论："在这些情况下，手段已经成了目的的一部分，而且比它们所追求的目的更重要。……它们都包含在幸福之内，是一些对幸福欲求的构成要素。幸福不是一个抽象的观念，而是一个具体的整体，所以这些东西便是幸福的组成部分。功利主义的标准同意并且赞许它们如此。"[1]穆勒通过对幸福概念的多元置换，将幸福概念的外延进一步泛化。特别是有关金钱、名望、权力的追求，原先只是作为获取幸福的手段，通过穆勒的诠释，这些获得幸福的手段变成了幸福本身的组成部分。

穆勒通过对幸福概念具体而复杂的论述，尤其是对快乐进行质的区分和幸福概念外延的扩大，将幸福概念改造成为一个新的形象，一个完全不同于边沁式"粗俗"的快乐概念的形象。

除了以上三个方面的具体修正外，穆勒对边沁功利主义修

---

[1] 本节有关幸福概念的讨论见［英］穆勒《功利主义》，徐大建译，北京：商务印书馆 2015 年版，第 45 页。

正的另一重要方面是把物质财富与社会进步概念相联系，强调物质财富的增加就意味着社会进步，由此赋予了功利主义新的意义。

学术界主流解读认为，穆勒对边沁功利主义的修正是为了回应当时英国社会部分人士对功利主义的批评，其主要出发点是说明边沁功利主义并不是所谓"猪的哲学"。但若以更宏观的视野考察穆勒的修正，可知当时的社会被经济迅速发展的氛围所笼罩，此时的社会进步概念往往与社会财富的积累、经济发展规模联系在一起。而社会思想观念的这种变化无疑需要从理论上给予回应，穆勒的修正实际上是对社会心态和时代特征所给予的理论回应，即这种新的时代变化与社会经济发展之间的密切关系由修正后的功利主义给出了更合理的诠释。这种修正顺应了 19 世纪到 20 世纪初英国社会的历史发展趋势，迎合了维多利亚时代英国的社会心理，即对物质财富的普遍欲求，方向上符合资本主义社会新的发展阶段的需求。

如果说边沁的重点是从政治层面进行突破，出发点是解决社会发展的合法性基础问题，以便实质性推动英国社会改革，穆勒则是在英国社会完成了基础性规范的建设后，迎合维多利亚时代人们的共同价值观，从社会进步的角度，为经济发展（财富积累）进行了合理性论证。

根据穆勒《功利主义》一书当时在欧洲的影响，我们有理由相信古典功利主义思想传播至亚洲时，影响最大的是穆勒的这本书，而不是边沁的《政府片论》和《道德与立法原理导论》，对日本明治期间有关边沁、穆勒著作翻译的统计也支持这个推论。 尽管边沁作为古典功利主义的创始人和早期自由主义的积极倡导者，为自由主义在 19 世纪的蓬勃发展提供了基本的道德和政治哲学的理论框架，但随着社会的发展，由于穆勒的思想更加贴近当时的社会现实，更有助于解决当时的现实问题，因而被更广泛地传播和接受。

第二章

功利主义途经的『中介』站

——明治时期的日本社会

考察功利主义思想进入中国的传播过程，我们发现源于英国的功利主义思想并不是直接从英国传入清末民初的中国，而是经过了明治时期日本社会的中介。为了解西方功利主义传入中国的完整过程，有必要首先考察日本社会当时对功利主义思想的理解和接受情况，以此为基础，才能更深入、全面地理解随后发生的功利主义思想在中国的传播和接受。

第一节　功利主义进入日本的社会背景

明治维新以前，日本是以个体农业经济为主体的封建社会。日本政府二百多年的锁国政策和长期的封建统治，束缚了日本社会的发展，造成日本经济严重落后于世界水平，各种社会矛盾日益尖锐。此时日本的政治、经济、社会等各方面的制度已经腐朽，幕府的封建统治已经动摇。而19世纪中期正是西方国家竞相发展的历史阶段，随着西方国家的大举"东进"，亚洲已经成为西方国家征服的对象，不少亚洲国家相继被迫打开门户，随后陷入了殖民地或半殖民地的状态。1853年，美国首先以武力敲开了日本江户时期的锁国之门，激化了日本国内的矛盾，使日本陷入了严重的民族危机，加速了日本社会的动荡。在内忧外患的相互影响下，日本最终结束了德川幕府武家政权的统治，拉开了明治维新的序幕。

在此社会背景下，国家生存成为日本的首要任务。如日本启蒙思想家福泽谕吉在《劝学篇》中所描述："没有人喜欢苛政而嫌恶仁政，也没有人不愿本国富强而甘受外国欺侮，这是人之常情。"敏锐的日本启蒙思想家们意识到传统思想无法拯救当时的日本社会，于是他们将视线转向了代表先进文明的西方国家，将欧洲各国和美国理解为最文明的国家，认为要使日本国家富强，就必须以欧洲文明为目标，以这个标准来衡量事物的利害得失。

1868年4月，维新政府以天皇名义发布了施政纲领《五条誓文》。该纲领概括起来就是去除封建专制，开放门户，努力学习西方科学技术，按照西方近代国家体制改造日本，调动全体国民的积极性，同心协力，发展国家经济，使日本走上西方国家的发展道路。随着明治政府确定了"文明开化"、"殖产兴业"和"富国强兵"的新目标，日本全面走上了学习西方的道路，英、法、美、德等国的西方思想逐渐流入，随后日本的政

治、经济、思想、文化等领域都启动了以西方国家为目标的全
面改造。有学者指出："欧美近代思想文化——先是英国的功
利主义,再之以法国的自由民权学说,继之以美国的人道主义与
实用精神,前呼后拥地进入日本社会,一时之间,开始了对欧美
政治制度、科学技术与文化思想的无节制的介绍和吸收,他们
高举'剔除传统'的旗帜,创导'自由'和'民主',鼓吹建立
'民权国家',在相当的层面上冲击着日本人精神世界的各个
领域,一时之间曾经构成了明治近代文化运动的主流。"①

日本哲学家井上哲次郎在《对明治哲学界的回顾》一书中
也写道:"从明治初年到明治 23 年期间,以哲学为中心的思想
潮流大体是启蒙思想,英、美、法的思想占优势。它不是单纯
的'优势',它像汹涌澎湃的洪水一般侵入日本。也就是说,
英、美的自由独立思想、法国的自由民权思想等都纵横交错地
被介绍进来,被主张、被倡导、被宣传,成为相当广泛的席卷
社会的浪潮。英、美学者中主要有边沁（J. Bentham）、密尔
（Mill）、斯宾塞（H. Spencer）等人的思想传播进来"。②

明治早期的日本启蒙思想家有福泽谕吉、西周、津田真
道、加藤弘之、中村正直、西村茂树、森有礼等人,他们组成
"明六社",出版《明六杂志》,成为日本启蒙思想运动的中

---

① 严绍璗:《中国儒学在日本近代"变异"的考察》,载《国际汉学》2012 年第
　2 期。
② ［日］井上哲次郎:《对明治哲学界的回顾》,载卞崇道、王青主编《明治哲学
　与文化》,北京:中国社会科学出版社 2005 年版,第 147 页。

心。 启蒙思想的主要内容就是全面引进西方思想，涉及政治、历史、哲学、法律、伦理、教育等各个方面，并以此批判以日本儒学为主体的封建意识。 如引进西方的"实证主义"并倡导"实学"，批判日本儒学是"虚学"；引进穆勒的功利主义思想，批判日本儒学克己禁欲观念；引进西方天赋人权和社会契约理论，反对日本儒家的封建纲常，等等。

明治初期，日本社会对西方思想的引入有着非常明确的目的性，主要的关注点是如何尽快革除封建旧制度的弊端，通过引进西方的新思想、新观念帮助日本实现殖产兴业及富国强兵的目标，他们关心的是如何改造和重组日本社会，如何通过经济发展实现"富国"目标。 至于"文明开化"的目标，他们认为与这种需要相适应的自然是英国功利主义伦理思想。 西方功利主义思想正是在这样的社会背景下被引进日本，穆勒的著作是明治初期最早被引入日本的西方著作之一。

第二节　从 Utilitarianism 到"功利主义"

日本对 Utilitarianism 概念的理解和接受首先涉及该词的翻译，相关译词的选择从一个角度反映了该概念在理解和接受过程中的变化。 从考察该译词确定的过程入手，结合明治启蒙思想家的认可程度，可以大致了解日本社会接受和消化外来

Utilitarianism 的 情 况，包括：为什么选择"功利"作为
Utilitarianism 的核心译词？ Utilitarianism 的哪些内涵被接受
了，又回避了哪些内涵？

　　本书多角度考察了该译词的确定过程，包括英和字（辞）
典中的收录情况、边沁和穆勒著作的日文译本的译词以及当时
日本学术著作中有关 utilitarianism 的表达。

一、英和字（辞）典的相关收录情况

　　明治初期，日本正处于引进西方思想的初始阶段，对英文
的翻译需求非常旺盛，但当时翻译用词并不统一，关于某个英
文单词并没有相对固定的日语译词。 为此，明治期间先后出版
了 170 余本各类英和字（辞）典工具书，试图解决这个问题。
这些早期的英和字（辞）典体现了相应工具书编撰者对英文原
文意思的理解，各字（辞）典中不同译词的选择则比较真实地
从一个侧面反映了当时日本社会对西方外来思想的认识。

　　从明治时期发行的 170 余本英和字（辞）典中，筛选出与
utilitarianism 相关的 100 余本，通过查阅这些字（辞）典中
utilitarianism 译词的选择，我们可以了解当年日本社会对
utilitarianism 的理解及接受情况，将 utilitarianism 的各种相关
译法罗列出来，便可以大致厘清译词的演变过程。

　　根据对所罗列字（辞）典的考察，可以很直观地了解到明
治期间先后出现过许多不同译词，如"利学""利道""利人之

道""利人主义""实利主义""实利学""利用论""福利学""巧利说""功利论""功利说""功利主义",等等。若从时间上梳理,utilitarianism 译词的演变过程基本可分为三个阶段:1880年前,英和字(辞)典收录 utilitarianism 词条的译词多为"利人之道""利用之论""利学""道之本源在于利"等,未统一;此后至1890年,各字(辞)典的译词释义较为丰富,"功利""实利""利人之道"等关键译词共存,含有"功利"的核心译词首次出现在《哲学字汇》①中;1890年后,"功利"作为核心译词逐渐被更多字(辞)典采用,"功利学""功利道""功利论"等含有"功利"的译词逐渐增多,最终"功利主义"固定为专有名词并被接受。完整的"功利主义"译词首次出现在1886年《和译英文熟语丛》②中,不过该字典是将"功利主义"译词放在 utilitarian 词条下,对应的英文为 utilitarian principle。而"功利主义"作为辞典的独立条目则最早出现在1905年的《普通术语辞汇》③中。

进一步分析译词的演变过程可知,"功利主义"译词不是直接得出的,而是由"功利"这个核心译词经由"功利学""功利道""功利论"最终过渡至"功利主义"。其演变路径可以理解为由两个部分组成,即"功利"和"主义"。在出现包含"功利"译词的同时,"功利学""功利道""功利教"中的"学"

---

① 井上哲次郎等编:《哲学字汇》,东洋馆,1884年,第98页。
② 斋藤恒太郎编:《和译英文熟语丛》,公益商社,1886年,第682页。
③ 德谷丰之助、松尾勇四郎:《普通术语辞汇》,敬文社,1905年,第308页。

"道""教"也过渡到"主义"一词,"主义"演变为具有后缀意义的词。

这些不同字(辞)典中具有代表性的译词分别为"利人之道""利学""功利"。其中,"利人之道"源于罗存德的《英华字典》;"利学"由日本启蒙思想家西周提出;"功利"则出自井上哲次郎主编的《哲学字汇》。

《英华字典》是由德国传教士罗存德(Wilhelm Lobscheid)在中国编写的,1869年2月出版,第四卷将utilitarianism译为"利人之道"。该字典出版后被迅速引入日本,日本英和字(辞)典采用"利人之道"的译法显然受到了《英华字典》的影响,也表明日本学界的这种理解并不来自日本本土的思想资源。

"利学"由日本启蒙思想家西周提出。1875年,西周在《人世三宝说》①中将utilitarianism的译词从他最初使用的"便利为主"改为"利学"。1877年,西周用古汉语翻译了穆勒的著作 Utilitarianism,并将"利学"②冠为书名。鉴于西周当时作为著名启蒙思想家的影响力,"利学"和"便利"也曾影响明治时期的部分英和字(辞)典。

"功利"一词出自井上哲次郎主编的《哲学字汇》。这是日本明治期间第一本哲学专业术语辞典,对明治初期规范哲学

① 西周:《人世三宝説》,大久保利谦编:《西周全集》第1卷,宗高书房,1960年,第514页。
② [英]约翰·穆勒:《利学》,西周译,岛村利助掬翠楼藏版,1877年。

术语译词起到了重要的作用。《哲学字汇》以 1858 年 William Fleming 的 *Vocabulary of Philosophy* 为蓝本，经大幅度扩充编纂而成。 关于"功利"译词的溯源，余又荪曾撰文认为"井上哲次郎是根据管商①的功利之学译为功利主义，功利一语，屡见于管子书中"②。 朱明的考证也持相同观点③。 但余又荪、朱明均未给出推断井上哲次郎采用管商提法的任何直接依据。而根据《哲学字汇》第一版"绪言"，井上哲次郎在该辞典中采用的译词，其来源参考了中国典籍《佩文韵府》《渊鉴类函》《五车韵瑞》。 除这三本典籍外，根据《哲学字汇》中部分译词的注脚，我们可以了解到该辞典的译词来源还涉及其他中国典籍，如《易经》《书经》《庄子》《中庸》《淮南子》《墨子》《礼记》《老子》《传习录》《俱舍论》《起信论》《圆觉经》《法华经》，以及杜甫、柳宗元的诗文等。 通过查阅、归纳这些典籍以及相关诗文中关于"功利"的表达，基本可以确认《哲学字汇》中的"功利"为中国传统文化中所指的"功名利禄"之意。 如参考清代官修大型辞藻典故辞典《佩文韵府》中有关"功利"的解释，可以理解井上哲次郎此处的"功利"应该是中国传统"义利之辩"中"利"（即急功近利、功名利禄）的意思。

---

① 管商是管仲和商鞅的并称，两人分别为春秋和战国时期重要的法家思想家、政治家。
② 余又荪：《日译学术名词沿革（续）》，载《文化与教育》1935 年第 70 期。
③ 朱明：《日本文字的起源及其变迁》，南京：中日文化协会 1932 年版，第 41 页。

1902 年，井上哲次郎在讨论东西方伦理思想差异时谈到他对西方功利主义和中国传统功利的理解，他认为，"西方的功利主义虽是建立在周密学理之上的道德主义，从本质来说却是同中国一直以来存在的功利的主义是一致的。 所以西方的也加上了功利主义这个名称"①。 根据这些信息基本可以确认，除井上哲次郎选择"功利"的原始出处应该是中国典籍外，他所理解的"中国一直以来存在的功利的主义"实际上就是中国传统文化思想"义利之辩"框架中"利"的部分。

二、 译作和著作的相关译词与表达

除了英和字（辞）典外，考察研究的另一个角度是梳理日本当时引进边沁、穆勒有关思想的译著以及学术界介绍该学说的著作，重点考察 utilitarianism 译词在明治时期相关著作文献中的表达，从而了解日本社会对 utilitarianism 概念的接受过程。

西周是日本介绍功利主义的第一人。 作为当时著名的启蒙思想家，早在 1870 年，他就在私塾育英舍授课，系统阐述包括 Utilitarianism 思想在内的多门西方学说（涉及许多当时尚未普及的译词）。 西周在其授课讲义《百学连环》中首次使用"便

---

① 井上哲次郎:《東西洋倫理思想の異同》,《巽軒讲话集・初编》, 博文馆, 1902 年, 第 452 页。

利为主"一词介绍 utilitarianism。 这是 utilitarianism 在日本最早的翻译。 而 1875 年发表《人生三宝说》时，西周将译词改为更直接的"利学"。 1877 年，西周翻译了穆勒著作 *Utilitarianism*，使用"利学"作为书名，确认了他对该译词的坚持。 西周的"利学"译法除曾对明治期间英和字（辞）典的译词产生了影响外，对当时的一些其他译著也产生了影响。 有研究表明，西周尽管当时有《英华字典》可以参考，但他仍然选择了"利"字作为 utilitarianism 的核心译词。 而无论采用"便利"或"利学"，显然都是西周独立思考后的选择。 结合西周《人生三宝说》中所表达的观点，他也许是取"利"字所含"收获、得到"以及"利益"之意。

穆勒 *Utilitarianism* 的第一本日文版译著是 1880 年涩谷启藏翻译的《利用论》，书中 Utilitarianism 的译词为"利用之道"。 涩谷启藏在该书的例言中提道："原名为 utilitarianism，是以公利幸福为道德目的，所以或译为利人之道或译为利用之道，虽然如此，至今仍在探寻其义，暂且先借利用二字。"① 由此可知，涩谷启藏对该词的理解是源于《英华字典》中"利人之道或利用之道"的解释。

小池靖一在 1879 年出版的《法学要义》中提出 utilitarianism 是"道之本源在于利"的学说②，他认为法学的本源在于

---

① ［英］约翰·穆勒：《利用論》，涩谷启藏译，山中市兵卫，1880 年，例言。
② ［英］谢尔顿·阿莫斯：《法学要義》，小池靖一译，回澜堂，1879 年，第 8 页。

"利",文中解释边沁功利主义的宗旨便是益世。

小野梓 1879 年发表了《利学入门》,全面阐述了边沁的功利主义思想,将 utilitarianism 理解为"真利之学",并提出此中的"利"并不是当时与孟子所提倡的"仁义"相对的含义。 与大多数日本学者不同,他对"利"的理解并不与通常意义上的利益相联系,而是借用了大乘佛教"无上大利"中的"利"之本意,这是源于佛教《无量寿经》的"欲拯济群萌,惠以真实之利"的意思。

1884 年,陆奥宗光将边沁的 *An Introduction to the Principles of Morals and Legislation* 翻译为日语版的《利学正宗》,使用"实利主义"表达 utilitarianism。 译者在书中解释如下:"如果对书名进行直接翻译的话,多半会使用道德以及立法的主义总论中的'含义',不过,边沁的著作中几乎均曾有实利主义出现。 尤其是该书中非常认真反复地对该主义进行了演绎。 因此,我将该书的名字翻译成了利学正宗。"①陆奥宗光为岛田三郎翻译的边沁《立法论纲》②作序时提到,他认同边沁的 utilitarianism,并提及他译为"实利学"。 将边沁的思想理解为"实利",在当时的日本思想界获得了一定的认同。

据不完全统计,在 1880 年到 1890 年间出现 utilitarianism

① [英]杰里米·边沁:《利学正宗》,陆奥宗光译,蔷薇楼,1883—1884 年,凡例第 1 页。
② [英]杰里米·边沁:《立法論綱》,岛田三郎译,律书房,1878 年,序。

译词的 21 本著作中，15 本使用了"实利主义"，比例非常高。而对当时使用"实利主义"著作的文本语境进行分析发现，"实利主义"有两种比较多的主要表达，分别为"最大多数人的最大幸福"和"追求现实利益和效用的思考方式"。结合前文所述的社会背景，当时"实利主义"使用比较频繁，可能是因为明治初期一些启蒙思想家的观念变化。他们抨击传统儒家束缚道德、追求虚名的世界观，提倡引进西方注重利益和效用的理念与思考方式。日本人当时理解"实利"一词的主要意思是"实际利益和效用"，说明 utilitarianism 被相当一部分人从实际利益的角度解读，而现代日语中"实利主义"的释义就包括"基于现实利益或实际效用的思考方式"①的解释，这也许能帮助我们确认这个角度的理解。

1883 年，井上哲次郎发表伦理学著作《伦理新说》，沿用《哲学字汇》中的核心译词"功利"，称 utilitarianism 为"功利教"。他在《伦理新说》中说："休谟首次创建功利教，然而并没有通行于世。其后边沁主张人生之目的在于功利，令世人大惊。"②1887 年，井上圆了在其论著中采用"功利说"的说法，他认为边沁的功利说类似于墨子的"兼爱"。③ 1900 年，加藤弘之的《道德法律进化之理》也采用了"功利说"。

---

① 松村明、三省堂编修所编：《大辞林 第 3 版》，三省堂，2006 年。
② 井上哲次郎：《倫理新説》，酒井清造，1883 年，第 18 页。
③ 井上円了：《哲学要領》，哲学書院，1886 年，第 97 页。

明治时期边沁、穆勒著作的日文译本中对 utilitarianism 的译词均源自译者各自的不同理解。 西周的译词"利学"以及"实利主义"虽然得到了一部分学者的肯定，但并未被作为最终的统一译词。

概言之，1880 年前各种译著及相关著作中有关 utilitarianism 的译词与当时英和字（辞）典的选词大体相同，以"利学""利人之道"为主；1880 年至 1890 年，则以"实利主义"为主，虽然"功利"一词这时已经出现，但只在少数著作中使用，尚未有很大影响；1890 年后，含有"功利"的译词开始流行，1900 年左右"功利主义"这 译词被基本接受。

通过对明治时期 utilitarianism 在英和字（辞）典中的译词收录、边沁及穆勒译著中的译词以及在日本学术著作中的采用情况进行归纳，明治时期 utilitarianism 译词的演变主要分为以下三个阶段：

引入期（1880 年之前）。 此阶段日本译介的多为边沁、穆勒政治和法律方面的著作，出版的书籍及资料中对 utilitarianism 的翻译多为学者自身的理解，没有统一的解释。 其间日本学者的共同特点是将 utilitarianism 的核心归为"利"。 大多数学者的理解来源于儒家思想，与幕府时期日本社会所尊崇的"武士道"文化中的"义"相对，含有"利益"之意；也有学者采用"利用"释义，含有"利用厚生"之意；还有人采用佛教对"利"的理解。 此阶段字（辞）典收录 utilitarianism 的较少，且多受罗存德《英华字典》的影响；译作方面多为日本学者自

己的理解，"利"被确认为核心词义，受汉学思想影响比较
明显。

容纳期（1880—1890 年）。 此阶段功利主义思想作为西方
政治哲学、伦理思想被日本学者广泛传播。 在当时介绍西方思
想的著作中虽提到功利主义与享乐主义不同，但并没有用单独
的专业词汇加以定义。 功利主义和霍布斯、康德等人的学说一
起被定义为"快乐说"或"实利主义"的一种（如利益之道
学①、普汎的快乐说②），也有书籍中注明"实利主义"有"最
大多数人的最大幸福"之意。 井上哲次郎在《哲学字汇》以及
《伦理新说》中将 utilitarianism 译为"功利"，当时并没有得到
普及。 此阶段字典和书籍中 utilitarianism 的释义增多，"功
利"释义出现，但出版的书籍中仍以"实利主义"为主。

确定期（1890 年以后）。 尽管 1890 年后介绍西方思想的
书籍以及各大学的教材中大多采用功利主义的解释，但值得
注意的是此时明治初期的启蒙思想开始消退，传统保守思想
再次成为主流。 随着英美思想受到普遍的批评和排斥，"功
利"的贬义含义逐渐加重。 此阶段尽管日本学界有过多种
译词，除"实利主义"外，也有人提议译为"公利主义""效

---

① ［法］阿尔弗雷德·富耶:《理学沿革史》，中江兆民译，文部省编辑局，1886
年，第 941 页。
② ［法］亨利·西季威克:《倫理学説批判》，山边知春、太田秀穗译，大日本图
书，1898 年，第 793 页。

用主义"，甚至建议译为"大福主义"①。但字典和书籍中已经普遍将 utilitarianism 译为"功利主义"，其使用逐步普遍化，被日本社会普遍接受。1900 年左右，日本当时已有若干书籍使用"功利主义"一词，反映了对"功利主义"的接受程度。

第三节　明治早期：积极接受功利主义的日本社会

总体上考察可知，明治时期功利主义思想在日本的接受与理解经历了两个阶段：积极接受的第一阶段和被批判并污名化的第二阶段。以下结合当时的日本社会背景，梳理这两个阶段功利主义思想接受与理解的过程，考察并识别功利主义传入日本的变化轨迹。

明治早期，日本在接受西方思想的过程中，以西周、福泽谕吉为代表的一批启蒙思想家发挥了很大的积极作用，如著名的明六社成员介绍西方国家的情况，积极倡导"文明开化"，促使日本国民思想变化，特别是引导民众改变价值观。其中最有代表性的是西周、福泽谕吉等人引导了对功利主义的理解与接

① 一ノ瀬正树：《功利主義と分析哲学：経験論哲学入門》，放送大学教育振兴会，2010 年，第 4 页。

受，他们确立了新的善恶标准和伦理观，宣扬功利主义思想，
伸张个人的权利和对欲望的追求，批判封建的身份制度和禁欲
道德。

一、西周对功利主义思想的宣扬

西周是第一个将西方哲学系统地介绍到日本的学者，被誉
为日本近代哲学之父、日本近代文化的建设者、明治初年新
文化运动的领导者。西周年幼时学习朱子学说，后又学习了
重视礼乐制度的徂徕学，这些成为他日后接受西方思想的基
础。1862—1865 年西周被公派留学荷兰，留学期间学习自然
法、国际法、法学、经济学和统计学五门学科。在荷兰留学
期间，西周接触到边沁、穆勒的功利主义思想，深受孔德、边
沁、穆勒的影响，其中穆勒的 *Utilitarianism* 是他最爱读的书
籍之一，功利主义思想也成为西周日后宣传启蒙思想的重要内
容之一。①

回国后，西周通过私塾育英社授课，传播包括功利主义在
内的西方思想，在他编写的讲义《百学连环》中提道："英国有
Utilitarianism 之学（功利主义，效益主义），为哲学之一派，也
关系政事。此学由 Bentham(边沁)创建，认为天下万事皆为便

---

① 西周：《人世三宝说》，萱生奉三编：《西先生論集：偶評》（卷三），土井光
　华，1880 年，第 2 页。

利，便利即道理。"①西周以功利主义的价值观批判克己禁欲的封建道德规范与观念，认为后者"桎梏性情而求人道于穷苦贫寒之中"，进而提倡功利主义道德，认为穆勒、边沁的道德学说是欧洲道德学说史上的一大变革，日本一旦形成这种道德，国家就会富裕强盛。

反映西周接受功利主义思想的主要著作有《人世三宝说》以及译著《利学》等。西周自己的功利主义道德学说反映在《人世三宝说》中，为当时日本政府推行的基本国策起到了道德启蒙作用，《利学》则是西周用古汉语翻译穆勒 *Utilitarianism* 的译本。

《人世三宝说》1875 年发表于《明六杂志》（该杂志是当时日本启蒙思想家的重要宣传阵地），这是他接受功利主义观念后（主要基于穆勒功利主义思想）阐述他对功利思想的理解的一篇著名文章。文章表明了西周对功利主义的认可，西周将"一般最大福祉"作为"人类最重要的中心"，而要达到"一般最大福祉"，必须尊重并保护"第二等的中心"，即所谓"人世三宝"——健康、知识和富有。西周主张所有道德原理的根本都与这"三宝"有关，认为穆勒根据实证主义发展了边沁功利主义的道德论，并将此看成"近代道德论的一大变革"。② 他

---

① ［日］西周：《百学连环》，许伟克译，载《或问》2014 年第 25 期。
② 大久保利谦编：《西周全集》第 1 卷，宗高书房，1960 年，第 515 页。

通过以上独特见解接受了西方功利主义思想，认为自己的这一看法"固然为鄙人管见却也是肺腑之说"①。

从《人世三宝说》中可以了解到西周功利主义思想有以下关键内容：

第一，西周积极肯定私欲，认为"人世三宝"是天赋予人的最大道德权利，只有依靠"三宝"才能实现人的最大幸福。这一看法反映了明治初期对资产阶级自由、平等、个性解放的需求，对改变当时日本的社会风气颇有影响，试图通过肯定人的欲望达到将日本人从儒教禁欲主义中解放出来的目的。

第二，西周直接提出"公益为私利的总数"②的观点，认为公益建立在私欲的基础之上，这是对原先"公即为善，私即为恶"这一日本传统公私观念的根本反叛，为明治维新所需要的新道德规范的建立作出了贡献。

第三，最引人注目的是，西周强调"财富"是达成人类一般最大福祉的手段之一。他认为除了满足生存的基本要求外，人当然还有追求财富的权利，而追求富有被理解为天赋于人的第三个权利。西周关于"富有"是幸福源泉之一的说法是对当

---

① 西周：《人世三宝説》，萱生奉三编：《西先生論集：偶評》（卷三），土井光华，1880年，第52页。原文："合私利者为公益。"更明确地说，即公益为私利的总数。
② ［日］西周：《人世三宝説》，见西周：《西先生論集:偶評》（卷三），土井光华，1880年，第52页。原文：合私利者为公益。更明确地说，即公益为私利的总数。

时日本传统思想的巨大冲击。①

    日本当时的国情决定了西周"人世三宝"说具有典型日式启蒙伦理的特性和内容，它不像西方霍布斯的功利说，把个人利益作为至上的道德要求，也不是英国边沁的功利主义原则，而是从日本富国强兵的目标出发，以"人世三宝"作为道德信条，使其功利道德在一定意义上摆脱了西方观念的束缚。西周道德学说适应了以国家为主体进行资本原始积累的日本国情，对近代日本企业家和国民素质的形成产生了很大影响。日本明治期间受到穆勒功利主义影响而提出的这种伦理观与明治前日本社会的主流思想完全相反，但对其后的日本经济发展起到了思想观念上的引导作用。

    除了《人世三宝说》，1877 年，西周以《利学》为书名翻译了穆勒的著作 *Utilitarianism*。关于翻译这本书的起因，麻生义辉在《西周哲学著作集》中介绍，西周非常喜欢穆勒的 *Utilitarianism*，每每都会向其相识的人推荐阅读。光胜法主和西周往来亲密，光胜也对这本书的内容十分感兴趣，劝其翻译，西周难以推却光胜的热情劝说和拜托，就翻译了这本书。有关这本书的翻译效果，西周比较准确地传达原文的思想与观念，绝大多数情况下忠于原文的表达。在翻译的具体手法上，西周采用了多种方法，如创造全新词汇，部分内容采用意译，

---

① 山田孝雄在《英国功利主義の日本への導入についての一考察》中写道，（西周）针对德川幕府时期武士阶级不看重金钱，强调富有是幸福的源泉之一。这是在当时世人皆惊的一个新思想。

为了强调内容重点自行增加举例说明,通过页眉注释来解释说明某一词语等。有日本学者指出:"《利学》虽然是以厚重的汉文体形式翻译而成,但同时较为准确地再现了原文中的英文,巧妙地运用了儒学中的用语。"①西周在译本序言中介绍了穆勒和边沁,也介绍了英国功利主义产生的背景以及边沁和穆勒所发挥的社会作用,这说明日本的启蒙思想家对英国功利主义及其社会文化背景相当了解。

值得注意的是,西周在《利学》中将原书的第二章"Utility, or the Greatest Happiness Principle"翻译成了"利即最大福祉之理"②。同样的情况发生在涩谷启藏翻译的《利用论》中,"利用即最大幸福之理"③。可见,当时的日本启蒙思想家对"Utility"的理解是在穆勒修正的功利主义基础上,与本国文化中的"利益"概念直接挂钩。

上文在研究穆勒对边沁功利主义进行的修正时,提及穆勒以"幸福"代替了边沁的"快乐"以及他对幸福目标与手段进行的转换诠释。西周出于明治期间日本社会转型的需要,非常敏感地抓住了穆勒的这种转换诠释,并在《利学》译文中进行了强调。穆勒的原文有一段涉及幸福目的和手段的讨论,西周

① 山下重一:《西周訳『利学』(明治十年)(上)ミル『功利主義論』の本邦初訳》,载《国学院法学》2011年12月,第41—87页。
② [英]约翰·穆勒:《利学》,西周译,岛村利助掬翠楼藏版,1877年,第12页B面。
③ [英]约翰·穆勒:《利用論》,涩谷启藏译,山中市兵卫,1880年,第10页A面。

在《利学》的相应部分有以下译文："故当此时，则手段变为目的一部分，而此重要性更胜于其原作为手段。 如今福祉作为靶，而方法是弓箭，虽然打准靶就需要弓箭，却常常导致弓箭反宾为主的现象。 虽然如此，世界上岂有没有靶子，而使用弓箭的。 所以它们作为器械也是追求福祉的一种手段，人们能够得到这种器械就能够得到福祉，不能够得到这种器械就会失去福祉。 所以想要器械的人并没有和想要福祉的人有差别。"而对比西周译文与穆勒原文，发现穆勒原文并没有这一段表述，西周超出原文范围，增加了靶与弓箭关系的说明，通过举例来补充强调对穆勒观点的理解，可见其接受并欣赏的程度。

西周在《利学》中将 expediency 翻译为"便利"。 ①穆勒原文意思是指功利从 expediency（利益）的日常用法去理解，西周选择"便利"表达 expediency，翻译的含义大体正确。 实际上，当时日语俗语中的"便利"所表达的利益是指带有负面意涵的个人利益。 由此联想到，西周最初在《百学连环》中使用"便利"来翻译 Utilitarianism，可能是他主观上通过将 Utilitarianism 与"便利"挂钩，从个人利益的角度来理解功利主义。

西周认为穆勒功利主义可以为穷苦贫寒之人指明道路，让

---

① ［英］约翰·穆勒：《利学》，西周译，岛村利助掬翠楼藏版，1877 年，第二章。 原文："又世人徒竹目利以为不经之学。 是不过视此语，以为便利之义。 据世俗之意味，以咎其与本论相反耳。 然便利之义，视之为与直道相反者，是大率指其人一己之便利。"

每个人发挥自己的作用,最终使得日本国富民安。"钱财""权势""名誉"与"德"是一类的,都是为了达到"一般福祉(国富民安)"的手段。 正如西周在《利学》译文中所述:"所以对于利学的大根本来说,对于其他的欲望,如果能够增长一般的福祉,而不会至于颠倒损害福祉,就会包容它,允许它存在,所以没有差别等次。"可见西周认为对金钱、权力、名誉等的渴望应该得到允许。

此外,西周尽管同意功利主义所说的人的自然本性是"趋乐避苦",也肯定"富有"和"私利",但值得注意的是西周要达成的是"一般福祉"即"富国强兵",这与边沁功利主义所追求"最大多数人的最大幸福"的出发点还是有很大的区别。

综上,西周出于当时日本社会发展经济的需要,主要从经济的角度解读了穆勒的 *Utilitarianism*。 有学者认为,无论从西周将 happiness 译为"福祉",还是将 the study of prosperity 译成"繁荣之学"都可以看出,西周是着重从经济角度理解并接受功利主义的。 实际上,不只是西周将经济作为达成"幸福"(财富)的手段,涩谷启藏在穆勒 *Utilitarianism* 的另一个日文译本《利用论》中将 Expediency 翻译为"便宜",大致属于同样的理解。 福泽谕吉也有相似的观点,他在《文明论之概略》第二章举例写道"工商业日益繁盛,开辟幸福源泉"。 说明这样的理解不仅是个别启蒙思想家的认知,而是代表着当时日本启蒙思想家的整体理解。

二、 福泽谕吉的新"富足"金钱观

　　福泽谕吉是明治期间的另一位非常有影响的启蒙思想家，他从小就感受到封建等级制度的存在，对此非常反感。 青年时期，福泽谕吉有机会接触到西方文化，他21岁开始学习西洋理学，24岁从学习荷兰语转成学习英语。 到1867年，福泽谕吉已经三次访问美国和欧洲，亲身了解了一些西方先进的思想和文化，这为其理解接受西方功利主义思想奠定了基础。 他根据出访欧美的记录撰写了《西洋事情》①，这是第一本由日本人撰写的比较全面介绍西方世界的读物，发表后风靡一时，成为当时日本人了解西方的启蒙读物。 福泽谕吉后来继续努力著书立说，启蒙世人，积极配合明治政府的社会改革。《劝学篇》②和《文明论之概略》③是他这一时期的代表作，当时畅销日本，影响巨大。

　　福泽谕吉以谋求国家独立和富国强兵为己任，号召日本人学习"实学"，学习科学，兴办实业，发展经济。 1868年，他

---

① 福泽谕吉：《西洋事情》，西川俊作编，庆应义塾大学出版会，2009年。
② 福泽谕吉在《学問のすすめ》中写道，此书本意是作为民间读本和小学课本而写的，所以文中尽量使用了通俗易懂的文字，以便阅读。 也正因为如此，这本书得以广泛普及。 初版约为20万部，截止至1897年市场流通数量约为340万本，足以看出其影响力之大。
③ 福泽谕吉：《文明論之概略》，岩波书店，1931年。 该书宣传追求其文明首先便是要变革人心，然后改革政令，最后达到有形的物质的观点。

创办庆应义塾,培养人才,针对当时的现实问题,积极从事启蒙活动,被称为"日本的伏尔泰"。他毕生从事著作和教育活动,对西方启蒙思想在日本的传播和日本社会的转型发展发挥了巨大的推动作用,对功利主义在日本的传播也发挥了很大的作用。为纪念他在明治维新中的贡献,后人将他的头像印在一万日元纸币上。

福泽谕吉针对当时日本内忧外患的逆境,深感民族独立和国家主权的重要,曾立下平生两大誓愿,分别为冲破腐朽的封建制度和摆脱西方国家对日本的压迫。由于明治政府实行废藩置县等一系列改革措施,福泽谕吉看到了希望,他对比了当时的日本文明和西方文明的程度,认为日本应该向西方学习,进而主张"乘势大力吹进西洋文明新风,从根本上改革全国民心,在绝远之东洋开辟一新的文明之国"。然而当时传统的封建习俗以及既成的价值观念妨碍西方文明在日本的传播和发展,同时日本人积极追求西洋文明的热情也急需理智的指导,使国民正确地把握"文明开化"的真正含义。福泽谕吉为此做了大量的工作。他认为启蒙并不是单纯介绍西方文明,而是要通过宣传西方文化帮助日本文明开化,号召改变社会精神,目的是使日本赶上西方国家。福泽谕吉认为"文明"的内涵丰富,包含经济发展、政治制度、科学技术、道德伦理和文学艺术等内容;文明也不是一成不变的,而是不断发展变化的。他特别强调道德的重要性,认为一国文明程度的高低可以用人民的道德水准来反映,而道德水准的提高没有止境,文明进步也没有止境。

福泽谕吉公开提出让追求利益合理化，大胆地提出常常被日本社会假装漠不关心的金钱问题。在《文明论概略》中，福泽说"争利就是争理"①，从伦理上将追求利益合理化。在1885年写的《要成为钱的国家》②一文中，他进一步发挥这种观点，号召人们摆脱"轻视钱的旧习"。福泽谕吉批判儒家的"贱商主义"和官尊民卑思想，认为工商业者付出劳动得到报酬，与武士服军役得俸禄、官员施政领取薪水是一样的，没有贵贱之分。从1868年起，他公开在庆应义塾收取学费。他认为，"教学也是人们的一项工作，人做自己的工作而取代价这又有什么不可以的？由于认识到这样做毫无关系，所以公然规定一个数额而收费，于是确定了'学费'这个名称，并规定每个学生每月缴纳学费二分。……教师也领钱，这在当时是大惊天下之耳目。"③

日本社会当时普遍在追求"利"时有心理障碍，福泽谕吉努力破除这种落后思维，尽管他屡次被非难为拜金主义之徒，但他仍然坚持致力于建立日本社会民众新的金钱价值观，致力于形成追求"利"是合乎伦理道德的风尚，在这方面发挥了无

① ［日］福泽谕吉：《文明论概略》，北京编译社译，北京：商务印书馆2017年版，第76页。
② 福泽谕吉：《錢の国たる可し》，《福澤全集 第9卷 時事論集第2》，国民图书，1925－1926年，第29－40页。
③ ［日］福泽谕吉：《福泽谕吉自传》，马斌译，北京：商务印书馆1980年版，第175页。

可替代的作用。 这种价值观肯定劳动的价值,实际上引领了当时的日本社会趋向,具有现代性的价值精神,对日本社会进步发挥了非常正面的作用。

福泽谕吉所表达的与"利"相关的新思想应该和当时流行的功利主义有密切关系。 有学者指出,"众所周知,福泽谕吉在青年时代就酷爱阅读穆勒的《功利主义》等书,在庆应义塾中也进行了大量阅读。"①有史料表明:福泽谕吉曾在 1876 年 4 月 13—14 日两天陆续阅读了穆勒 *Utilitarianism*(1874 年第五版)。② 福泽谕吉在《文明论概略》中写道:"所谓文明指的是人的身体安乐,道德高尚;或指衣食富足,品质高贵。"③在这里,福泽谕吉特意强调了"健康、道德、富足"三者在文明中缺一不可。 同西周的"富有"观念的出发点一样,福泽谕吉强调了"富足"。

另需指出的是,福泽谕吉所接受的西方思想观念是通过 19世纪欧洲的思想家如孔德、穆勒、斯宾塞等人为中介的,这些人物并不是欧洲启蒙初期的思想家,而是资产阶级已经取代封建贵族取得政权后,居于社会主导地位时期的思想家。 福泽谕吉所沿袭的这些思想观点,认识论上接近经验论,政治上主张

---

① [日]川尻文彦:《"自由"与"功利"——以梁启超的"功利主义"为中心》,载《中山大学学报》(社会科学版)2009 年第 5 期。

② 山内崇史:《福沢諭吉における功利主義受容と『貧富論』》,载《法学政治学論究:法律・政治・社会》2017 年 3 月。

③ [日]福泽谕吉:《文明论概略》,北京编译社译,北京:商务印书馆 2017 年版,第 35 页。

君主立宪，伦理上鼓吹世俗功利观。可见，由于日本明治期间社会转型的路径和欧洲启蒙运动的路径不同，福泽谕吉基本上是按照更实际的富国强兵的目标构建他的思想，当时所倡导的"文明开化"也正是服务于这个目标。

明治初期，日本政府关心的是如何革除旧制度的弊端，以利于殖产兴业和富国强兵，或者说此时他们关心的是如何改造和重新组织日本社会，以利于经济的发展。因此，当时的日本思想界着重移植功利主义思想，试图以其为参照建立新的功利主义的启蒙伦理思想体系，无论是西周、福泽谕吉还是其他启蒙思想家，他们都是着重功利主义的实际效用。

第四节　明治中期：政治转向中被批判的功利主义

虽然明治初期十年间（1868—1877 年），明治政府进行了一系列改革，文明开化的启蒙教育也取得了明显效果，但很快就面临一个无法回避的难题，即如何建立日本的国家体制。当时在西方思潮的影响下，"自由""民权"思想几乎不受控制地蔓延，随着自由民权运动的开展，以天赋人权理论为依据，已经要求设立国会。与此同时，另一种完全相反的意见是根据日本传统道德，主张赋予天皇巨大权限，以此谋求国民精神的统一。从明治中期开始，后一种主张占了上风，日本政府决意维持天皇的国家体制，国内政治随即发生转向。 明治政府于 1875 年颁布限制言论、出版的《谗谤律》《新闻纸条例》，希望通过限制言论自由，控制当时对日本政府甚至皇室的"不当"言论。 1881 年，主张英国式立宪制度的大隈重信被驱逐出政府，结束了内部派阀林立的状况①，日本自由民权运动失败。 同年，天皇颁布《国会开设敕谕》，明治政府为全面展开立宪工作做准备。 1889 年颁布宪法，确立了天皇亲政的国家体制。 日本统治者最终选择了符合他们利益的天皇集权的军国主义道路。 这种政治上的转向对日本社会关于功利主义的认识产生了负面影响，导致日本思想界开始批判功利主义，功利主义思想在日本的社会地位显著下降。

明治维新初期十年与此后的十年相比，我们可称前者为以发展经济为主导的改革，后者则由于政治思想转向而成为以维持天皇国家体制为主导的安排。 在发生这种政治思想转向的社会背景下，部分启蒙思想家的思想也发生转向，尽管这个阶段已经基本完成了功利主义早期传入和接受的任务，但这种思想转向仍然直接或间接地对功利主义的传播产生了不利影响。

福泽谕吉在明治初期大力宣扬自由平等的理念，宣称天皇

---

① 刑雪艳：《日本明治时期民权与国权的冲突与归宿》，中国社会科学院博士学士论文，2009 年，第 89 页。

也是人,君臣关系是人出生后发生的,不是人的本性。 到了1878 年(明治 11 年),他在《通俗国权论》中感叹,"看古今之事,没有贫弱无智的小国能通过条约和公法保全其独立体面的例子",认为在当时弱肉强食的世界中,稳定国内局势、共同抵御外部压力才是上上之策。 1881 年(明治 14 年),福泽谕吉认为"天然的自由民权论是正道,人为的国权论是权道……我辈乃从权道者",并认为"培养国民忠义之心便于稳定社会"。[①] 次年,福泽谕吉在《时事新报发行之趣旨》中主张把日本国权的扩张作为最高目的,随后在《时事新报》上陆续发表多篇文章,希望日本充当东洋文明的指导,武力保护落后的邻国,阐明日本作为亚洲文明之首的"东洋政略"。 这些观点与他在明治初期所说不伤害他人的宗旨相违背,也偏离了功利主义思想。

加藤弘之是明治时期另一位具有影响力的思想家,早年发表的《立宪政体论》《国体新论》《真政大意》等均宣扬自由主义思想,受到自由民权者的拥护。 然而到了1882 年(明治 15年),加藤弘之完全推翻了其之前的学说,宣扬"社会进化论",猛烈攻击自由民权思想。 加藤弘之曾以边沁为例,指出有限制的选举法也能够达到"最大多数人的最大幸福",强调专制的政府统治也能达到多数人的幸福之终极目标,并提出

---

① 福泽谕吉:《時事小言》,《福澤全集 第 5 卷》,国民图书,1925-1926 年,第241 页。

"忠君心"就是"爱国心"的论点。加藤弘之对功利主义的理解在其《道德法律进化之理》中得到了详细阐述，他甚至假功利主义之名，想要推出军国皇权的合理性。

第五节　井上哲次郎对功利主义的"污名化"

明治期间，除了明六社成员西周、福泽谕吉、中村正直、加藤弘之等人外，在日本社会理解和接受功利主义过程中另一个关键人物——井上哲次郎也发挥了重要作用，所产生的影响非常久远。他少年时代就学于汉学塾，聪颖过人，精通汉学；1871 年入长崎广运馆，跟美籍教师学习英文、历史和数学等课程；1875 年入东京开成学校学习；1877 年入东京大学文学部哲学系；1880 年毕业后主办《东洋学艺杂志》；1882 年任东京大学副教授，讲授哲学；1884－1890 年间被政府选派去德国留学，研究德国观念论哲学。井上哲次郎 1890 年奉诏回国，受命起草《教育敕语衍义》，该书经文部省审查后作为具有半官方性质的师范学校、中学的教科书。《教育敕语》的发布在日本思想史上具有重大意义，该书所表现的思想就是要使皇室与臣民在思想上结成新的君臣关系，以此来作为日本人国民道德的枢轴。

井上哲次郎的政治观点和日本早期大多数启蒙思想家完全

不同,他在《教育敕语衍义》中写道:"现今社会的变迁太过急激,而且西洋诸国的学说教义等东渐以来,人们大都多歧亡羊。"①他的国民道德思想的主要内容是以皇室为中心,以国家主义为核心的忠君爱国、忠孝一体,这种道德思想明显与当时的英美道德思想不协调。

井上哲次郎的国民道德论一方面与早先的启蒙主义道德论对立,另一方面又与同时代和稍后的学院派伦理学对立。他批判启蒙主义道德论的主要论点最明显地表现在他对福泽谕吉的批判上。他把福泽的学说断定为"多少带有物质主义的没有系统的功利主义"。②井上哲次郎强调"功利主义作为国家经济主义一直是好的。但若将之作为关系个人唯一的道德主义则是不行的"。③

事实上,井上哲次郎与功利主义思想进入日本后的整个接受传播过程密切相关,在整个过程中扮演了十分重要的角色,至今仍广泛使用的"功利主义"这一译词正是他当年的选择。他的作用主要体现为在明治期间的若干关键历史节点上对功利主义的接受与传播所产生的负面影响。

1880 年井上哲次郎大学毕业后,致力于西方哲学名词的翻

---

① 井上哲次郎:《勅語衍義 上卷》,敬业社,1891 年,勅语衍义叙第 4 页 B 面。
② 井上哲次郎:《明治哲学界的回顾》,岩波书店编:《岩波讲座哲学 第 10 卷》,1932 年,第 19 页。
③ 井上哲次郎编:《哲学叢書 第 1 卷》,集文阁,1900 年,第 287 页。

译，开创了日本哲学用词的统一工作，其代表作为《哲学字汇》。 正是 1881 年《哲学字汇》首次采用"功利"作为核心译词，才造成 utilitarianism 最终被译为"功利主义"的局面。 通过对其选择这一译词过程的分析，不难发现井上哲次郎是有明显的思想倾向的，他参照若干本中国典籍来选择译词，说明他的汉学水平非常高，而从中国典籍中选择"功利"一词时，他应该是了解中国典籍中"功利"一词的负面含义的；他 1871 年就跟美籍教师学过英文、数学和历史，英文能力应该尚可，根据《哲学字汇》的英文蓝本 Vocabulary of Philosophy，他应该在"道义论（deontology）"词条下可以见到边沁及功利主义原则（the principle of utilitarianism）的内容，他是有机会了解边沁 utilitarianism 的概念意涵的；在《哲学字汇》中，他将 utility 标注为财经词汇，认为该词是与经济钱财挂钩的。 这些情况表明井上哲次郎相当大程度上选择负面的"功利"译词是有意而为之。 此外，他曾以井上哲二郎的署名在《东洋学艺杂志》发表文章《学艺论》，清楚地表达了他当时对功利主义的负面理解。 文中提及功利主义代表人物穆勒，他写道："维新以来，洋学东渐，风俗一变。 于是乎苟有余财者，读郭索文，而攻实际之学。 然而恶习更有甚于昔日者。 是无他。 彼仅涉猎洋书数篇，则以为足。 或夤缘就官，或铅椠着书。 栖栖逐逐，求毫末之利，卖泡影之名。 既无阐洪钧之蕴奥，又无探造化之妙工，鲁莽圆囵。 走肉而长髯，枵腹而大言。 侥取其策论，而条分缕析。 则自弥儿极坐脱化而来者，芬芳有蒜土臭，不可咀嚼。"①井上哲次郎称穆勒思想是芬芳中带有"蒜土臭，不可咀嚼"，这个佐证非常清晰地表明了井上哲次郎当时对待穆勒及功利主义思想所持有的拒斥立场。

井上哲次郎一直坚持对功利主义的负面观点，1900 年，他曾对功利主义有过一次全面的批判，认为功利主义作为道德主义有六个缺陷，并强调"忠君爱国"这种有德行的学说才会被人喜欢，只以利益强辩的伦理（如功利主义）则必然会被人厌烦。②

关于井上哲次郎有意从中国典籍中选择带有负面含义的"功利"一词，从而造成 utilitarianism 与负面意涵相关联的结果，川尻文彦指出："日语中的'功利'，则有'算计、利己'等负面语意。因而'功利'与'功利主义'等词，无法完全传递 utility 与 utilitarianism 的本意。这个情况历来常被很多人指出，比如英国学大师长谷川如是闲（1875—1949）早就指出了这一点。"③田中浩也认为：在英语中 utility 一词原有的"有用""有益""效用"等含义，用于表示能够让人类享受市民生活的有用的、实用的东西。而与之相对，翻译成日语的"功利"则会给人以强烈的"有所盘算的""贪得无厌的"之类的感觉。因此，从 1877 年（明治十年）左右起，与当时渐渐在日本思想界

---

① 井上哲次郎：《学芸論》，载《東洋学芸雑誌》1881 年 10 月第 1 号。
② 井上哲次郎：《维新以后的哲学》，《哲学丛书》第 1 集，集文阁，1900 年，第289－296 页。
③ ［日］川尻文彦：《"自由"与"功利"——以梁启超的"功利主义"为中心》，载《中山大学学报》（社会科学版），2009 年第 5 期。

占主导地位的德国理想主义哲学相对比，在漫长的岁月中，功利主义概念都始终给人以一种利己主义的负面印象。^① 菅原光在进行一系列比较研究后认为："将功利主义作为 utilitarianism 的翻译是在西周之后，在西周理解功利主义时并没有负面印象。"^②即便穆勒在修正边沁的功利主义思想时，根据维多利亚时代的社会需要，将功利与财富挂钩，但穆勒的原意仍是从社会进步的角度理解，并无负面贬斥之意。 井上哲次郎对穆勒学说的负面理解应该是出自他的主观理解和政治立场。

井上哲次郎是日本学院哲学的确立者，对明治、大正、昭和时代的日本思想界都有较大的影响，特别是在明治哲学的发展过程中，他作为国民道德的鼓吹者，留下了不可忽视的痕迹，产生了很大的影响。 从思想发展轨迹看，井上哲次郎的立场几乎一直是英国功利主义的对立面。 从他对功利主义全面批判的全过程看，井上哲次郎在功利主义传播的关键节点上对民众理解功利主义思想所发挥的负面作用显然是不可忽视的。 也正是井上哲次郎的这种主观理解，为功利主义在明治后期的污名化埋下了"地雷"。

功利主义思想作为英美自由民权思想的代表，受到日本政治转向的影响后，其社会地位急转直下。 明治中期部分思想家开始故意模糊其哲学含义与俗语之间的区别，夸大思想中利己

① 田中浩:《国家と個人》，东京:岩波书店，1990 年，第 112 页。
② 菅原光:《西周の政治思想—規律·功利·信》，东京:ぺりかん社，2009 年，第 140 页。

的部分，使中性的"功利"成功地被污名化。他们混淆边沁、穆勒原本的功利主义思想和旧有儒家思想中"功利"的含义，将耽于享乐、对利益不择手段均看作是功利主义的表现。虽然明治初期包括西周、福泽谕吉在内的启蒙思想家引进功利主义的目的是开民智，以改良日本社会思想观念，但在明治中期的整体社会氛围下，随着《哲学字汇》选择"功利"，强调"功利"的俗语贬义含义，普通百姓以及对于英语不擅长的日本学者很容易望文生义，将其与"拜金主义"等负面概念挂钩，加之井上哲次郎这种有影响力人物的公开批判，功利主义的传播雪上加霜，从而导致日后对功利主义挥之不去的负面认识。

第六节 功利主义在日本的中介情况总结

以上根据日本启蒙思想家对功利主义的态度考察日本社会对功利主义的接受情况，从整体上回顾，日本明治期间接受功利主义的特点主要有以下几个方面：

1. 明治初期对功利主义思想的接受涉及多个领域，当穆勒、边沁思想传入日本时，译本内容涉及政治、经济、法律、哲学等多方面。

2. 接受的功利主义思想以穆勒的思想为主，主要采纳了穆勒功利主义思想中对当时日本社会有用的内容。当时日本社会主导思潮是"实学",讲究简洁实用,尽管穆勒的功利主义与边沁之间在内涵上有相当的区别,但明治期间的日本学者,却几乎将二者视为一体。

3. 明治启蒙思想家主要从经济(或利益)角度解读功利主义。这是由当时的民众基础和社会需求共同决定的。明治早期的启蒙思想家所推崇的源自英国的功利主义正迎合了当时以发展经济为先的社会需求,使之得以快速传播,影响广泛。

4. 明治中期受政治转向影响,出现功利主义污名化现象。随着"功利"这一带有浓重贬义的俗语的广泛使用,普通百姓以及不擅长英语的日本学者望文生义,将边沁、穆勒的思想与现实中的"拜金主义"混淆,并加以排斥。

功利主义的价值观对日本经济发展的贡献巨大。随着明治政权所制定的一系列与资本原始积累和产业革命有关的改革政策的实施,日本经济开始了有史以来的第一次起飞。如果把当时的社会改革看作日本经济发展的主要外在条件,当时日本经济发展的内在动力之一则是明治后形成的功利主义价值观。尽管功利主义在日本明治后期遭遇污名化,其传播与接受偏离了本义,但只要我们褪去时代的偏见,客观审视这一时期的功利主义,不难发现,在当时的历史条件下,功利主义思想解放了日本民众对"利"的忌讳,推动了日本明治时期的经济发展,发挥了促使日本社会进步发展的作用。

第三章

功利主义的中国之旅

按照相关学者对"西学东渐"的阶段划分,"西学东渐"的第二阶段是中日甲午战争以后到民国初年间(19 世纪 90 年代中期至"五四"),这一时期的汉语系统主要通过两个途径大规模吸取欧洲语汇:"一是掌握了西文和西学的中国知识分子(如马建中、严复等)直接译自西书;二是从明治维新后的日本引入,传输主体是留日学生和寓居日本的政治流亡者(如梁启超等)。"①其中提及的"日本引入",正是当年功利主义以及其他源于西方的思想观念经日本中介后漂洋过海传入中国的历史背景。 日本学者狭间直树也指出,明治维新期间大量针对原著(包括西方各语种的英译本)的翻译作品在这一时期开始出现,随后一段时间(1895—1919),这些翻译作品以

<hr />

① 冯天瑜:《新语探源——中西日文化互动与近代汉字术语形成》,北京:中华书局 2004 年版,第 15—22 页。

洪水之势涌入中国。①

第一节 晚清时期的中国社会状况

随着"西学东渐"大潮的兴起,功利主义在经过明治期间日本社会的中介后来到了中国。 当时中国社会正处在满目疮痍的年代,国家内外交困,社会呼唤变革。 1840 年,第一次鸦片战争以中国全面失败而告终,闭关锁国、故步自封的局面被打破,西方列强用枪炮揭开了中国近代历史的序幕。 当时中国社会在外国列强冲击下,国内固有的多种矛盾不断激化,原有社会生存环境急剧恶化,社会结构秩序的总体平衡遭到破坏。 社会经济基础发生了动摇,原先自给自足的农业自然经济和手工业经济的基础遭到严重破坏,原本就极不稳定的小农经济因西方商品经济的强力冲击而渐趋瓦解,各种社会矛盾的激化导致了民族生存危机,且呈愈演愈烈之势。

在这样的社会背景下,特别是甲午战争的惨败,彻底暴露了清政府的腐败无能,而随后力图维护清政府统治的戊戌变法

---

① 清华大学国学研究院主编, [日] 狭间直树主讲:《东亚近代文明史上的梁启超》,上海:上海人民出版社 2016 年版,第 19 页。

也以失败告终。 面对西方入侵、民族存亡的严峻局势，国内各方志士仁人自觉担负起时代所赋予的历史责任，力求挽救民族危亡与国家命运。 中国各阶层知识分子纷纷寻求新的救国之路，求强、求富、求独立成为各阶层有识之士的共识。 针对如何彻底解救中国，部分有识之士将眼光投向西方世界，向西方开始了更深层次的学习探求。

通过日本学习吸收西方文化，在当时是一条事半功倍的捷径。 由于日本明治维新的"经验"、文化共通性以及费用成本等原因，日本成为当时中国社会变革的学习模板之一。 在这样的背景下，留学日本成为热潮，甚至引起西学传播内容和方法的变化。 为从西方找到救国方案，大量引进西方社会政治学说，且西方思想传播带有强烈的政治色彩，这也是当时西学东渐的重要特点。

第二节　梁启超与功利主义

有学者曾对日本的汉字新词、译词何时传入中国进行了研究。 一般的看法是："甲午战败之后清政府首次向日本派遣留学生（1896 年 3 月）；其后戊戌变法失败（1898 年秋），鼓吹改革的领袖人物康有为、梁启超等流亡日本，在东京创办《清议报》（1898 年）、《新民丛报》（1900 年），文章中多用日语词。 1900 年以后留学生逐渐掌握日语，开始大规模翻译日本书，日语词汇遂大量流入汉语。"①

梁启超在戊戌变法失败后流亡日本，时间上与西学东渐这一段历史进程完全重叠，随即成为这一阶段西学东渐大潮中极具代表性的人物。 他通过《清议报》《新民丛报》等刊物，以前所未有的力度和广度向国内介绍西方新思潮、新文化，同时大力提倡改革旧思想和旧文化，有力地推进了中国传统思想和文化的转型。 梁启超的努力在中国近代史上发挥了无可替代的重要作用，对中国思想界产生了深远的影响。

梁启超在关心西方政治思想的同时，借鉴西方国家的实践经验，以此批判中国传统纲常伦理，他所介绍的西方伦理思想中包括了功利主义思想，他试图借用这些西方思想来改造中国社会，特别是从思想上改造中国人的国民性格。

一、近代中国功利主义传播第一人——梁启超

有关功利主义的传播，目前学界普遍认为较早公开提及功利主义的刊文是发表于 1901 年 1 月《清议报》的《霍布斯学案》。② 但经考证相关史料，目前发现"功利主义"最早出现

① 沈国威：《近代中日词汇交流研究——汉字新词的创制、容受与共享》，北京：中华书局 2010 年版，第 189 页。
② 冯洁：《论戊戌时期的乐利学说》，华东师范大学博士学位论文，2009 年，第 28 页。

在 1899 年 10 月 25 日《清议报》第 31 册，文章作者是东京大同高等学校学生郑云汉，文中提及"德国之国家主义，英国之功利主义，法国之自由主义，即太平内之三世也"。① 而梁启超于 1900 年 2 月在《清议报》以任公署名发表了《汗漫录（接前册）》，也提及功利主义②，其用法与郑云汉基本一致。

经查阅，高山林次郎于 1897 年发表的《奠都三十年》一书中就有类似的表达，"福泽谕吉为代表的英吉利功利主义、中江兆民为代表的法兰西自由主义、加藤弘之为代表的德意志国家主义"③，这与《清议报》上的提法几乎一致。 不难判断梁启超等人对功利主义的表达并不是他们的原创，很可能是源于当时日本社会已有的提法。 值得注意的是，1902 年广智书局出版了此书的中文版《日本维新三十年史》④，此书多处提及当时各种"主义""思想"的称谓，如西洋主义、欧化主义、英吉利派之功利主义、法兰西派之自由主义、德意志派之国家主

---

① 郑云汉：《东京大同高等学校功课》，载《清议报》第 31 册，1899 年 10 月 25 日，第 21 页。
② 梁启超：《汗漫录（接前册）》，载《清议报》第 36 册，1900 年 2 月 20 日，第 14 页。 梁启超在文中写道："日本明治间新思潮有三派，一英国之功利主义、二法国之共和主义、三德国之国家主义。"
③ 高山林次郎：《奠都三十年：明治三十年史·明治卅年间国势一览》，博文馆，1898 年。
④ ［日］高山林次郎：《日本维新三十年史》，古同资译，上海：广智书局 1902 年版。

义、实利主义、平民主义等。可见"功利主义"是当时比较流行的新思潮提法。另外，此书译者罗普与梁启超从甚密，他曾与梁启超共同前往箱根读书，与梁启超共同编有《和文汉读法》一书①，并曾任梁启超的口语老师②，也与梁启超共同翻译过小说③。而《日本维新三十年史》序言的作者赵必振在该书序言中也提及上述各种"主义""思想"的称谓（译法），同样重复出现"英吉利派之功利主义、法兰西派之自由主义、德意志派之国家主义"的相同用法。赵必振曾任《清议报》《新民丛报》的校对、编辑，作为同事，与梁启超关系应该也比较密切。由此也可推断，"功利主义"一词当时并非仅有梁启超一人接受并使用，而是受到当时日本用法的影响，已经成为一批旅日青年学者共同的用法。

梁启超于1902年8月在《新民丛报》发表《乐利主义泰斗边沁之学说》④一文，完整地阐述了他对 utilitarianism 的系统理解，对功利主义的传播发挥了很大的作用。此后，梁启超发表了一系列文章，介绍西方新思想，除上文提及的《霍布斯学案》和《乐利主义泰斗边沁之学说》与功利主义有关外，还有

---

① 丁文江、赵丰田编：《梁启超年谱长编》，上海：上海人民出版社1983年版，第175页。
② 石云艳：《梁启超与日本》，天津：天津人民出版社2005年版，第51页。
③ 《十五小豪杰》连载于1902年的《新民丛报》第2—24号。
④ 梁启超：《梁启超全集》，北京：北京大学出版社1999年版，第1045页。梁启超注释为"西文原意则利益之义也"。

十几篇文章涉及功利主义讨论，共 30 多万字。① 梁启超为传播其新思想，写了大量文章和书籍，著作等身，他的文章主要通过他创办的报刊《清议报》《新民丛报》发表。 他办的第一份报刊是《清议报》，每月 3 册，每册约 40 页，从 1898 年 12 月 23 日发行《清议报》第一期至 1901 年 12 月 31 日止，共出了 100 册，300 多万字。 每期的销售数量大约 3000 至 4000 份。 1901 年底，《清议报》出完第 100 册时因火灾等原因停刊。 梁启超随即创办了《新民丛报》，并于次年元旦发行。《新民丛报》为半月刊，每年 24 册，每册约 5 万至 6 万字。 从 1902 年 1 月 1 日创办到 1907 年 10 月 15 日停刊，共出版了 96 册。《清议报》《新民丛报》有广泛的读者群，梁启超的思想学说由此得到广泛传播。

梁启超为人率真，非常感性，他的文字笔锋犀利，感情丰富，具有很强的感染力。 梁启超就这样通过他特有的、流畅明白且常带感情的文学化语言，使各种新思想源源不断地经他编写的报刊传入中国，这其中就包含他提倡的功利主义思想。 根据以上史实可知，梁启超确实在功利主义的传播过程中发挥了很大的作用，无论从明确介绍英国功利主义产生的时间、系统

---

① 如《南海康先生传》(1901)、《论学术之势力左右世界》(1902)、《论中国学术思想变迁之大势》(1902)、《论立法权》(1902)、《政治学学理摭言》(1902)、《新民说》(1902)、《子墨子学说》(1904)、《德育鉴》(1905)、《中国立国大方针》(1912)、《"知不可为"主义与"为而不有"主义》(1921)、《墨子学案》(1921)、《颜李学派与现代教育思潮》(1924)、《要籍解题及其读法》(孟子之内容及其价值整理)(1923)、《王阳明知行合一之教》(1926)等。

介绍功利主义的内容还是所产生的影响上考察，梁启超都应该是中国功利主义传播的第一人。

需要指出的是，尽管我们将梁启超作为推动功利主义在中国传播的第一人，某种程度上甚至可以理解为功利主义思想在中国传播的"主渠道"，但从外来思想接受的角度考察，中国知识分子所接受并传播的功利主义思想并非均来源于梁启超，功利主义思想还有其他传入中国并影响中国社会的途径。如章士钊曾留学日、英，1908 至 1912 年在英国阿伯丁大学学习法律、政治和逻辑学。据章士钊自述[1]，他留英时记录边沁法家之学说梗概的稿件有十几册，遗憾的是后来大半遭焚毁。显然他对边沁功利主义有一定的理解，但并不是来自梁启超的渠道。有类似经历的还有杨昌济，他 1903 年起留学日本六年；1909 年起转赴英国留学三年，获阿伯丁大学文学士学位，1912 年毕业；1913 年春回国；1918 年起出任北京大学伦理学教授。北京大学曾刊印杨昌济的《西洋伦理学史》与《西洋伦理学述评》作为教材[2]，书中包含边沁及功利主义内容，此书并非参考梁启超的文章撰写，可见杨昌济对边沁及功利主义的理解同样也不是来自梁启超的传播渠道。此外，穆勒的代表作《论自由》在 1903 年就被严复译为《群己权界论》，同年还被马君武译为《自由原理》。尽管译本中未直接出现"功利主义"一

---

[1] 章士钊：《原用》，《甲寅周刊》1926 年 1 月 30 日。
[2] 杨昌济：《西洋伦理学述评·西洋伦理学史》，长春：时代文艺出版社 2009 年版。

词，但《论自由》渗透着穆勒的功利主义思想，通过《论自由》的翻译，也间接传播了功利主义的相关概念。严复虽然对边沁功利主义的认识与梁启超不尽相同，也没有直接宣传功利主义，但他在翻译西方思想著作过程中，不可避免地借鉴了《论自由》及其逻辑体系中的功利主义思想，还借鉴了《国富论》中的效用原理。

二、日本社会思想环境对梁启超的影响

梁启超正是在流亡日本期间，有机会通过日本翻译的西方著作和日本本土书籍解决了原先没有接触西方思想渠道的问题。梁启超到达日本的第二年（1899年）就接触到了穆勒思想，这在他的《饮冰室自由书》的"叙言"中有记载："西儒弥勒约翰曰：人群之进化，莫要于思想自由、言论自由、出版自由"。[1]梁启超不具备阅读英语原文的能力，对功利主义的理解主要通过日语文献获得。梁启超介绍功利主义的文章《乐利主义泰斗边沁之学说》所附参考文献中罗列了12本参考目录，其中只有一本边沁原著 *Theory of Legislation*，其余均为日文书籍。尽管梁启超照搬日语文献的准确性有待商榷，但可以确定的是梁启超是通过日语文献理解并接受了功利主义学说的主

---

[1] 夏晓虹：《觉世与传世——梁启超的文学道路》，上海：上海人民出版社 1991 年版，第 18 页。

要观点，他所接收到的是已经被日本化的功利主义思想。

梁启超初到日本时，日本已经历了明治初期的文明开化，引进了不少西方思想，并随着日本国内的政治思想转向，确定了天皇立宪制度。此时功利主义观念在日本思想界和民众中已逐步污名化，梁启超对功利主义思想的理解不可避免会受到影响。在这样的背景下，梁启超所了解的功利主义首先是日本学者所理解的功利主义思想，其次从时间节点上考察，此时对功利主义的污名化已经发生，所以探究梁启超功利主义思想来源时，不能简单将其与明治早期潮水般引入的西方思想直接挂钩，而需要仔细甄别。

有学者这样评价梁启超所受日本社会文化的影响："伴随着强烈的求知欲的，是同样强烈的现实感，因而梁启超所考察的主要不是某一学理的真伪高低，而是其对中国现实的作用大小与正负。这使得他对东西洋文化的介绍带有很大的直接的功利目的。缺点是难得穷根究底，未免浅尝辄止，不见得十分准确、全面；优点是学以致用，很快能融进自己的思想体系中，并作用于中国现实。"①

有关梁启超受到日本学者的影响，可以从梁启超的文章中找到不少例证。在《乐利主义泰斗边沁之学说》一文中，他多处采用了日文参考文献中的用法。如："边沁乃于其《道德及

---

① 夏晓虹：《觉世与传世——梁启超的文学道路》，上海：上海人民出版社 1991 年版，第 190 页。

立法之原理》书中，取旧道德之两说而料拣之。其一曰窒欲说，其二曰感情说。"几乎相同的表达可见于梁启超所列日文参考文献纲岛荣一郎著《主乐派之伦理说》。又如，梁启超在该文中提及 14 种快乐，其用词几乎和《主乐派之伦理说》中的用法一样。①

此外，梁启超《论政府与人民之权限》中对"自由"和"权力"的理解就有中村正直译文的影响；在《乐利主义泰斗边沁之学说》的按语中，梁启超引用了加藤弘之《道德法律进化之理》中对于"爱己心"和"爱他心"的阐述；梁启超将"公德"概念与功利主义思想联系在一起，也是受到了当时日本社会讨论的影响。

关于 utilitarianism 这个核心词汇，梁启超在《乐利主义泰斗边沁之学说》中采用"乐利主义"代替"功利主义"译词，并给出了相应的解释。梁启超虽然根据中国传统文化的"讳言乐，讳言利"现象来理解 utilitarianism 的针对性，不过文中还是提及日本社会"译为快乐派，或译为功利派"的事实，并认为 utilitarianism 原意则是利益之义，这表明他的"乐利主义"译词仍源自日本社会的影响。需要指出的是，尽管梁启超曾试图改变"功利主义"的译词，但实际上他自己在此后的文章中继续使用"功利主义"一词②，并未坚持"乐利主义"用法。

---

① 纲岛荣一郎：《主楽派の倫理説》，东京专门学校，刊年不明。

② 该用法可于梁启超《新民说二十三》（《新民丛报》第 46 期，1904 年 2 月 14 日，第 15 页）等至少三篇文章中见到。

三、《乐利主义泰斗边沁之学说》

1902 年梁启超发表了《乐利主义泰斗边沁之学说》，该文是第一篇系统介绍功利主义思想的中文学术文章。此前梁启超虽在其他文章中提及功利主义，但并非专门阐述功利主义思想，而此文则比较完整地反映了梁启超对功利主义的理解。

文章长达一万两千多字，内容丰富，涵盖了边沁个人经历、主要著作、功利主义的历史溯源以及边沁学说的主要内容，也包括穆勒对边沁学说的修正以及相关的评议争论。尽管梁启超的参考资料以二手的日文资料为主，但其描述功利主义的内容要点基本准确，同时从该文看到梁启超对功利主义思想总体上是高度接受的。

但以下几点值得注意：

首先，梁启超尽管高度认可功利主义学说，但仍有自己的理解，并没有全盘接受。梁启超非常直接地指出边沁理论的"快乐"只区别量而不区别质的问题。同时，尽管穆勒的修正和梁启超关于快乐的量与质的看法似乎一致，但梁启超也不完全接受穆勒对边沁理论的修正思路，对穆勒认为判断快乐质量高低的标准取决于舆论（public opinion）的观点并不认同。梁启超从中国社会当时的实际情况出发，对功利主义学说的倡导有所保留，如认为在中国全民教育尚未普及、社会整体素质低下的情况下，尽管边沁的乐利计算法较为完备，但边沁"虽能知其术,而未能尽其用者也"。究其原因有二:其一是天下不通晓算术的人太多;其二是人们本身就有贪图快乐、喜欢利益的本性,且不知什么是真正的快乐和利益。梁启超特别强调不能和没有受过教育的人谈论功利主义,对这些人而言,接受边沁理论几乎就像教猴爬树一样容易,他们没有受过教育便不能思考,审查不准确,必将错用边沁的法则,自我毒害又毒害他人。所以该学说千万不能随便倡导。而他之所以介绍功利主义,是因为边沁这样杰出大师的影响已经流行上百年了,全世界都因此而改变,中国学界的青年人需要对其有所了解并加以研究。

其次,梁启超对功利主义思想的理解受到了中国传统文化的影响。作为自幼接受严格传统儒家教育的中国知识分子,传统文化在梁启超的心中根深蒂固,他对中国的民族心理以及文化习惯有深刻的认识。因此当他接受并介绍西方政治理论时,一方面对当时社会的现实情况有所考虑,另一方面,虽然所具有的人文素养使他的见解深刻,但理解的立场仍摆脱不了中国传统文化的影响。如梁启超借用了庄子、佛学的一些说法来说明他的见解。他在文章中借用庄子"民食刍豢,麋鹿食荐,蝍蛆甘带,鸱鸦嗜鼠,四者孰知正味"来说明"痛苦与快乐"的苦乐感受;用佛教的苦乐观来论证边沁理论的合理性,批驳穆勒对功利主义的修正。事实上,边沁的理论是基于经验主义的立场,并不认同宗教立场,梁启超却用佛陀演说《华严经》作为快乐的最高境界之例。

　　最后，梁启超在对功利主义核心概念 utilitarianism 的理解上，尽管基本接受了边沁的学说，也了解到功利主义的核心概念为"最大多数之最大幸福"，但在提到 utilitarianism 的译词时却专门解释道："西文原意则利益之义"，而这与边沁的原意差距甚大。梁启超此处的"利益"是满足个人欲望的物质利益之意。梁启超还在文中引用严复的一段话："天下有浅薄的人，有昏庸的人，而没有真正的小人。为什么呢？小人的见解不外乎是利益，但是若使他们追求长久而真实的利益，则不和君子采用一样的法则是行不通的。如果一个人的品行极为低下，甚至于穿墙行窃达到了目的，但早晨偷窃钱财而晚上便可能败露，他以这种容易方法所取得所谓应该享受的利益，这如果算是利益，那么什么才算是祸害呢？"以此强调不明白道理盲目追求利益的不良后果。从梁启超对利益的描述不难发现他所谓"乐利"的"利"即为中国传统"义利之辩"中"利"的意思。此外，当梁启超谈到为什么乐利主义（即功利主义）不宜在中国传播时，从所论证过程看，他主要担心普通民众假借功利主义学理而沉溺于浅薄与昏庸之辈所谓的利益之中。这里的关键词还是"乐利主义"的"利"，表明梁启超主要还是从利益的角度理解边沁功利主义的核心概念。

　　考察梁启超对功利主义的理解，还需要将视野放大到当时的中国社会环境，包括理解当时流行的其他思潮及其与功利主义之间的相互作用，特别是当时几乎被公认为公理的进化论。梁启超在介绍功利主义时，对边沁的理论极其推崇，并将其放在与进化论同等高度上加以理解。梁启超在文章中写道，"近百年来于社会上有最有力之一语，曰'最大多数之最大幸福'。其影响于一切学理，殆与'物竞天择优胜劣败'之语，同一价值。自此语出，而政治学、生计学、伦理学、群学、法律学，无不生一大变革"。梁启超不仅非常赞同进化论，还运用这个理论来构建自己的学说。梁启超在另一篇文章中对达尔文的进化思想做了精辟的总结："达尔文以为生物变迁之原因，皆由生存、竞争、优胜劣败之公例而来，而胜败之机有由于自然者，有由于人为者。由于自然者，谓之自然淘汰，由于人为者，谓之人事淘汰，淘汰不已，而种乃日进焉。"①梁启超在担任《清议报》《新民丛报》主笔时，曾大量使用"进化""生存竞争""优胜劣败""适者生存"等与进化论有关的术语，这些术语迅速成为中国知识界非常熟悉的关键词。从某种程度上看，梁启超当时诸多提法背后的重要理论支撑之一就是进化论。

进化论思想在近代中国救亡图存的运动中发挥了重要影响，它所倡导的生存竞争、优胜劣汰的原理使得知识分子认识到国际社会的残酷现实，中国必须通过改革落后的社会制度，学习先进的科学技术，才能在这个强者当道的世界求得生存和发展。事实上，梁启超的思想观点往往从"救亡图存"主题出发，任何其他思想学说都被他加以利用，服务于这个时代的主

---

① 梁启超：《梁启超全集》（第四卷），北京：北京大学出版社 1999 年版，第 1037 页。

题，他对功利主义思想的运用也不例外。他在文章中表达了这样的观点：利己可以利他、利群，利己是为了国家，利群也是为了国家，功利主义思想被梁启超置于"救亡图存"的大目标之下。梁启超在将功利主义提高到与进化论相同地位的同时，特别将功利主义纳入他的"新民说"框架，为其建立"民德、民智、民力"的主张提供论据，本质上是将功利主义作为新民说的一个环节来使用。

边沁所处年代将功利主义作为新的社会原则指导社会改革；维多利亚年代穆勒的功利主义成为鼓励追求财富、促进社会进步的理论工具；日本明治期间功利主义被用于改造民众思想，发展日本经济，并取得不俗成效。与以上这些功利主义所发挥的作用相比而言，功利主义到了梁启超这里对社会发展的重要性显然下降（只是成为梁启超新民说的一个环节）。尽管梁启超的出发点是改变老百姓的传统思想，但由于中国传统文化的特殊性，并没有达到预期的效果。

第三节 Utilitarianism 的译词与概念传播

在中国社会接受功利主义思想的过程中，也曾出现 utilitarianism 的若干不同译词。西学东渐的过程无法回避西方概念的翻译，汉语译词的选择一定程度上反映了外来思想在接受过程中的流变，因此有必要对 utilitarianism 相关汉语译词的选择进行考察。

一、 Utilitarianism 在中国的译词

Utilitarianism 与中国的渊源可以追溯到 1869 年，早于 utilitarianism 在日本的传播。 按照对"西学东渐"的阶段划分①，这属于从 19 世纪初叶至 19 世纪 90 年代中期 "西学东渐"的第二阶段。 根据历史资料，utilitarianism 与中文的接触始于 19 世纪中西文化交流中的英汉字典编纂，相应的中文译词首次出现在 1869 年 2 月出版的《英华字典》第四卷②，这本字典由德国传教士罗存德编写。 19 世纪上半叶中国几本影响较大的英华字典均未收录 utilitarianism，如马礼逊编纂的《英华字典》(1822)、麦都思编纂的《华英字典》(1842—1843)、卫三畏编纂的《英华韵府历阶字典》(1844)等。 罗存德并没有像马礼逊、卫三畏、麦都思那样选择《康熙字典》作为选词的词源参考，而是采用了当时西方比较权威的美国《韦氏大辞

---

① 冯天瑜：《新语探源——中西日文化互动与近代汉字术语形成》，北京：中华书局 2004 年版，第 15—22 页。

② William Lobscheid：*EngLish and Chinese Dictionary*，HongKong：Daily Press，1866‑1869，p. 1903. 相关词条还收录了 utilitarian (a. 利用的，裨益的；n. 以人为意者，从利用物之道者) 和 utility (n. 益，裨益，利益，加益，致益，有益)。

典》作为编纂《英华字典》的蓝本①，由此，utilitarianism 进入中国文化圈。

在罗存德编纂的《英华字典》中，utilitarianism 的中文译词为"利人之道、以利人为意之道、利用物之道、益人之道、益人为意"，即采用了一系列短语描述。显然此时尚未完成对 utilitarianism 的汉语"词化"过程（即使用单一词汇表达一个在语义上较为复杂的概念），从语言学的角度可理解为这样的译词处理尚未实现该词的"概念化"。需要指出的是，由于这一系列短语表达的意思显然与边沁的原意有较大的出入，当时的中国读者通过这一系列短语其实很难得到对边沁该词原含义的正确理解。但这种理解上的偏差并非因为《英华字典》的编纂者无法看到原文所造成，编纂者即使未读边沁原著，也可以很容易从该字典的蓝本《韦氏大辞典》的英文注释中清晰地了解到边沁所提出的"最大多数人的最大幸福"，"是所有社会和政治制度的终极目标"，"效用是道德行为的唯一标准，并且强调排斥上帝（神）的介入"②等核心信息。而这些含有抛弃传统观念、建立社会新规范的思想要点并没有被《英华字典》的中文译词所表达，从而导致对 utilitarianism 原意的理解产生模糊。

根据沈国威的研究，中国在 20 世纪之前的很长一段时间

---

① 熊英：《罗存德及其〈英华字典〉研究》，北京外国语大学博士学位论文，2014年，第 56 页。

② Webster Noah: *An American Dictionary of the English Language*，New York: Harper & Brothers, 1848, p. 1100.

内，译词创造的工作是由来华的西方传教士唱主角的，但传教士的汉语能力不足以造词，大多数情况下采用的是由传教士口述、本土国人笔录的方式进行翻译，将传教士口述的说明性短语凝缩为词，汉译书里的译词大多是这样形成的。① 根据其他学者的研究，由于翻译在中国文化环境中进行，传教士在翻译过程中出现了所谓"以西屈中"的情况，即为了让中国人易于理解，在翻译过程中有意让西方思想文化适应中国主体文化环境。② 史有为也提及："传教士辞书在编纂时大都有中国助手的咨询和帮助，在译词的选定上不可低估中国助手的作用。"③

根据"利人之道、以利人为意之道、利用物之道、益人之道、益人为意"这样明显带有中国传统文化痕迹的翻译，有理由认为罗存德《英华字典》在具体译词选择的操作层面可能受到当时中国文人士大夫影响。 但这也可以提供一个新的视角去认识该短语在何种程度上反映了当年中国知识分子对utilitarianism 的原初理解。《英华字典》的译法本质上是将功利主义思想原则置于中国传统文化的话语框架内理解，采用了类似传统文化"修身之道"的比附来匹配选词，而实际上西方功利主义思想是属于另一个完全不同的思想框架。 针对中西交流中的类似现象，朱自清先生曾指出，"两种文化接触之初，这

---

① 沈国威：《词源探求与近代关键词研究》，载《东亚观念史集刊》2012 年第2 期。
② 张法：《中国现代哲学语汇从古代汉语型到现代汉语型的演化》，载《中国政法大学学报》2009 年第1 期。
③ 史有为：《汉语外来词》，北京：商务印书馆2000 年版，第169 页。

种曲为比附的地方大概是免不了的；人文科学更其如此，往往必须经过一个比附的时期，新的正确的系统才能成立"①。

继罗存德《英华字典》之后，直到 1897 年冯镜如的《新增华英字典》才收录 utilitarianism，但基本上是对罗存德《英华字典》翻译用词的摘抄。1908 年出版的颜惠庆的《英华大辞典》才出现 utilitarianism 新的中文翻译词条。自罗存德《英华字典》首次中文译词出现到 1900 年左右，目前尚未发现国内有涉及该思想传播的历史文献，很大程度上表明这段时间内 utilitarianism 未得到有效的传播并产生影响。

二、"功利主义"译词的厘定

任何新词在得到社会广泛接受的过程中往往会经历一些关键节点，"功利主义"一词在中国得到厘定的关键时间节点如下：

1903 年出版的《新尔雅》是由留日中国学生编写的新语词典，主要收录西方人文、自然科学新概念术语，这些新词汇大多数来自当时的日语新词，该词典曾对规范清末期间的译词发挥了作用。Utilitarianism 在《新尔雅》中被定义为："以功利为人类行为之标准者，谓之功利主义。"②

---

① 朱自清：《朱自清全集》第三卷，长春：时代文艺出版社 2000 年版，第 839 页。
② 汪荣宝、叶澜编：《新尔雅》，上海：上海明权社 1903 年版，第 69 页。

　　清政府针对当时词语混乱现象，也做过术语厘定工作。1903 年，同文馆改称"译学馆"，译学馆内设文典处，负责术语选定工作。 1905 年，清政府成立学部。 1909 年，学部下设"编定名词馆"，聘严复任总纂。 1911 年，学部发布的《伦理学中英名词对照表》收录 utilitarianism，将其译为"功利论派"。①

　　随着西学书籍的大量翻译，清末民初的传教士也意识到需要统一译名。 1913 年，英国传教士李提摩太与季理斐编著的《哲学术语词汇》出版，这是当时传教士为统一术语所做的工作，其影响也很大。 在《哲学术语词汇》中，utilitarianism 被译为"功利说（实利论）"②。

　　1915 年 10 月，商务印书馆推出中国第一本近代国语辞典《辞源》。 编纂《辞源》主要是为了解决清末民初出现的新词问题。《辞源》在现代汉语词汇体系形成过程中起了举足轻重的作用，该书上溯古语，下接新词，扮演了承前启后的重要角色。 在《辞源》中，utilitarianism 被译为"功利派"。③

　　有学者对哲学辞典与中国现代哲学语汇的定型进行了研究，认为在日本新词取得全面胜利后，中国对建立在西方哲学之上的哲学体系以辞典的形式进行了一次全面总结，标志性成

---

① 学部编订名词馆编：《伦理学中英名词对照表》，1911 年，第 3 页。
② 李提摩太、季理斐编：《哲学术语词汇》，上海：上海广学会 1913 年版，第 69 页。
③ 方毅等编：《辞源》，上海：商务印书馆 1915 年版，第 342 页。

果是樊炳清于 1926 年编写的《哲学辞典》。① 樊炳清的辞典是根据日文和英文资料编写的，每词附有英德法三国文字，对西方哲学文献的搜集和整理比较全面，蔡元培在序言中给予了高度评价。该辞典收录了 utilitarianism，将其译为"功利说、合理功利说"②，并用了两千余字作了详细的解释。

概言之，《新尔雅》规范了来自日语的新词；《伦理学中英名词对照表》是官方编订的名词表；《哲学术语词汇》是西方来华传教士统一哲学术语的最终成果；《辞源》是中国第一本近代大型辞典；樊炳清的《哲学辞典》是哲学类专业辞典。这几本工具书当时都具有一定权威性，它们的收录对"功利"作为核心译词被社会接受发挥了重要的影响，也正是这些工具书的厘定对译词"功利主义"在中国社会被最终接受过程发挥了重要作用。

三、"功利主义"一词在中国的理解和接受

"功利主义"一词在中国学界一直没有得到肯定，认为"功利主义"并非适合的译词，只是因为使用时间久了，约定俗成，难以纠正。1912 年，章士钊就指出："功利主义或实利主义，此沿日人之移译，非良诂也。功用二字较近是，以云良诂则犹未也，故用之以俟良者。…… 浅识者流以其竞言功利

---

① 张法：《中国现代哲学语汇从古代汉语型到现代汉语型的演化》，载《中国政法大学学报》2009 年第 1 期。

② 樊炳清：《哲学辞典》，上海：商务印书馆 1926 年版，第 86 页。

也，功利二字非榷诂，致起皮相之纷争"。① 1936 年首次完整翻译穆勒 *Utilitarianism* 的唐钺也不认同"功利主义"译词。② 盛庆琜提到，"功利主义"一词，在非学术性的场合，习惯上用为贬词，系指重利轻义的态度和行为。约定俗成，已经无可挽回。③ 2007 年译穆勒 *Utilitarianism* 的徐大建也持同样看法。④ 翟小波也提及："用功利这样一个词来翻译 utility 及相应的 utilitarianism，实际上一开始就把 utilitarianism 贬入了道德低谷，就为客观地介绍和公平地理解 utilitarianism 设置了巨大的障碍。这实际上也正是 utilitarianism 在我国学界的命运。"⑤

但考察"功利主义"一词在中国的理解和接受，我们还是要回到当年的历史语境下，从功利主义一词传播的最初情况开始考察。这首先涉及考察的思路和方法。一般情况下，考察西方思想在中国的传播，惯常的研究方法会更多关注社会精英的文献，但功利主义作为实践性很强的概念，如果完全依靠对精英知识分子文献的分析梳理，很可能比较片面，而需要尽可能从更多的面向来探究当时社会对功利主义的理解和接受情况。

19 世纪 60 年代以后，中国人开始创办报刊，截至 19 世纪

---

① 行严：《法律改造论》，《民立报》1912 年 7 月 3 日。

② ［英］穆勒：《功用主义》，唐钺译，北京：商务印书馆 1936 年版，译者附言。

③ 盛庆琜：《功利主义新论》，顾建光译，上海：上海交通大学出版社 1996 年版，序，第 1 页。

④ ［英］穆勒：《功利主义》，徐大建译，北京：商务印书馆 2015 年版，译者序，第 23 页。

⑤ ［英］斯科菲尔德：《邪恶利益与民主：边沁的功用主义政治宪法思想》，翟小波译，北京：法律出版社 2010 年版，第 4 页。

90 年代中期，中国已经创办了上百种报刊，一种新的传播形式开始在整个社会流行，到 1915 年《青年杂志》创刊为止，全国已经有了上千种报刊。在此之前，人们一般通过著书立说、师友之间的函牍往来传播思想，报刊的出现改变了这种状况。尽管当时报刊的主要受众仍是读书人，但由于报刊业本身就有扩大发行量的需求，为了吸引更多读者而必然产生的通俗化趋势，导致报刊特别注重迎合民众口味，某种程度上讲，报刊也能反映部分百姓阶层的想法。如《申报》自创刊起就立足于一般市民，"记述当今时事，文则质而不俚，事则简而能详"①。另外，其他不少报刊从创办开始，就刊载一些不同风格的文章，形式有杂谈、随笔、寓言、诗词、游记、短篇小说，等等。鉴于当时比较有效地传播西方新思想的媒介主要是报刊，于是欲突破原先基本依靠对精英知识分子文献进行思想传播分析，其合理选择就自然为聚焦近代报刊。

在对有关功利主义传播的近代报刊进行考察时，选择了三百余种、六万余期报刊②，以全文搜索的方式，找出了六百余

① 申报馆：《本馆告白》，《申报》第一号，1872 年 4 月 30 日。
② 针对中国近代报刊资料的考察，选择了权威机构开发的相关数据库，包括由国家图书馆授权开发的《大公报：1902—1949》数据库；爱如生数据库的中国近代报刊库·要刊编 1—3 辑(收录《新民丛报》(1902—1907)、《新青年》(1915—1926)、《东方杂志》(1904—1948)等)；得泓公司的中国近代报刊数据库(收录《申报》(1872—1949)等)。以上数据库均可以提供全文检索。此外，还有若干非全文检索的文献数据库可辅助使用，如上海图书馆《晚清期刊全文数据库(1833—1911)》；北京大学《晚清民国旧报刊》数据库；国家图书馆"民国期间文献"数据库等。

篇含有"功利主义"关键词的文章进行分析，通过"功利主义"一词在文章中所表达的含义来考察功利主义的传播情况。

根据该词的实际用法所涉及的范围，可将"功利主义"用法分为四类：

1. 急功近利，即只求个人功名利禄、忽视道德的行为，与字典中贬义用法相同；

2. 事功、功效，即讲求事物的实际效果，与字典中中性用法相同；

3. 西方思想，即英国功利主义思想，用于介绍西方学者的思想，包括对英国功利主义思想进行详细解读的文章书籍，也包括仅使用"功利主义"一词指代西方思想来说明自己观点，但忽略其具体内涵的用法；

4. 中国传统文化的功利观，包括从先秦到晚清的各种传统功利派思想。

将包含"功利主义"一词的文章按照以上四种分类进行统计，根据统计的结果，第一类"功利主义"贬义用法"急功近利"所占比例最高，超过了总数的60%。从时间上看，1920年"功利主义"一词开始比较广泛地使用时，贬义用法即占了主导地位，比较典型的如《申报》1924年5月13日刊登的《敬告反对泰戈尔者》中写道："再以中国现势，观己物质文明虽去西方尚远，然近年以来自武人政客以至一般青年为功利主义所驱使，以夺取饭碗为目的，不安于现在之生活，而各欲满足。其无穷之欲望者，所在皆是。政治之混乱，社会之堕落，半亦由于骛物质之生活，而无高尚之精神。"①此处"功利主义"显然属于第一类贬义用法。

第三类表述英国功利主义思想的用法，约占总数的 20%。但在大多数报刊文章中，对边沁等西方学者的思想内涵并没有详细的解释，如 1923 年《努力周报》第 53 期的《人生观的科学或科学的人生观》："张君解说人生观的时候，先立了一个为中心的「我」，随后引证人生的特点，就有孔子的行健，老子的无为，孟子的性善，荀子的性恶……康德的义务观念，边沁的功利主义，达尔文的生存竞争论，哥罗巴金的互助主义……叔本华哈德门的悲观主义，兰勃尼慈黑智儿的乐观主义，孔子的修身齐家主义，释迦的出世主义……等等。"②并没有介绍功利主义具体内涵。

第二类用法的比例大约 15%，较为典型的如 1936 年 10 月刊登在《良友》杂志第 121 期的《月杂话 无聊之谈》一文中写道："业余的有益身心的玩艺，欧美一般人都很为重视：德国人喜欢爬山，法国人好读古书，英国人喜欢野外散步。美国是功利主义的国家，许多人就喜欢在业余时研究有用的工业与小物品，有些还借此致富。至于国际人物中如美国总统罗斯福的喜欢收集邮票，慕沙里尼与爱因斯坦的喜欢在业余弹奏小提琴，都是世人其知的实事。"③这类用法比较中性。

―――――――――――

① 耿光：《杂录 敬告反对泰戈尔者》，《申报》1924 年 5 月 13 日第 17 版。
② 叔永：《人生观的科学或科学的人生观》，《努力周报》1923 年第 53 期。
③ 马国亮：《月杂话 无聊之谈》，《良友》1936 年 10 月 15 日第 121 期第 20 版。

第四类用法比例不到 5%，虽使用"功利主义"一词，但却是指中国传统功利观。其中代表有 1926 年 4 月刊登在《学衡》的《中国文化史》："孟子时功利主义极盛，如商君曰苟可以强国，不法其故，苟可以利民，不循于礼。以社会进化历史变迁之理观之，固亦可成一说。然专以强利为目的，其流极必至于不顾人道群德。"①这类用法竟然直接将中国传统功利观点称为功利主义。

除了近代报刊，本书也对近代书籍中"功利主义"一词的使用情况进行了考察，借此了解功利主义传播和接受的变化趋势。选取《瀚文民国书库》数据库②作为考察对象，通过全文搜索，在其中发现内容含有"功利主义"一词的书籍共 2384 本，其中带有年份信息的书籍 2030 本。由于瀚文书库中不同年份图书的总数不同，通过计算以"功利主义"为关键词的书籍的比例，进一步考察功利主义在 1900—1949 年的传播情况。从考察结果来看，1910 年开始呈增长趋势，到 1932 年开始略有下降，此后处于一个比较平稳的水平。

综合来看，近代出版的书籍中功利主义传播趋势为：1901—1920 年可以理解为"功利主义"一词的导入时期，此时尽管已经有部分学者开始使用"功利主义"，但总体比例不高；1920 年后，"功利主义"一词逐渐传播开来，直到 1935 年以后

---

① 柳诒徵：《中国文化史（续第五十一期）》，载《学衡》1926 年第 52 期。
② 该数据库收录了 1900—1949 年间出版的书籍 8 万余种，计 12 万余册。

趋于稳定。 这一趋势与报刊呈现的情况大体相同。

按照同样的工作思路对这些书籍中"功利主义"一词进行含义的考察，整理了 1901—1927 年间所有包含"功利主义"的书籍。 对 1928 年以后的文献，由于数量较大，进行抽样整理，合计整理了近 600 本书籍，并对这些书籍中"功利主义"一词所表达的含义进行了归类。 为了尽可能反映不同学者对"功利主义"的理解，整理时对数据库中重复的书籍（包括不同出版社、不同年份出版的相同作者、相同内容的书籍）进行了去重处理。

统计结果显示，近代书籍中第一类用法即"功利主义"的贬义用法也同样占主导地位，超过了总数的 45%。 如 1925 年商务印书馆出版、孙逸园编写的《社会教育实施法》中写道："公职人员，原为一般民众的先导，担负着指导民众、兴革公家事业的重任，当然要公而忘私，尽瘁社会，庶不失为尽职的先觉。 但现在一般公职人员中，克尽厥职的固不乏人，而专做过去事业，不图前进，抱定功利主义刹那主义，转为俸给而任职的不胜枚举。"①这里的"功利主义"显然属于贬义用法，与近代报刊上的主流用法相同，也是表达急功近利、只求个人利益的含义。

第三类用法即将"功利主义"用以表述英国功利主义思想，用于介绍西方思想性书籍，集中在思想史、伦理学、哲学等学科的学术性与专业性著作中，其比例超过总数的 35%。 如张东荪

① 孙逸园编：《社会教育设施法》，上海：商务印书馆 1925 年版，第 23 页。

在 1931 年出版的《道德哲学》中从伊壁鸠鲁出发，详细介绍了源自西方的功利主义学派思想，包括边沁、穆勒、西季威克等，在第二章"快乐论与功利论"第五节"边沁"中，作者写道："是以人之利己分为二，曰兼利的利己；曰独利的利己。 初独利的利己应愈减愈少外，而于兼利的利己不妨愈使其发挥扩大。 诚以一人而能增加其兼利的利己之量度，则同时全社会必即因此而增长其幸福也。 功利主义之精髓大抵在此。"①此处"功利主义"即指边沁思想，但书籍显然比报刊介绍详细。

第二类中性用法约占 15％，主要在辞典、文学类作品中出现，如余心在《欧洲近代戏剧》中写道："近代易卜生剧的影响风靡了欧罗巴的大陆剧坛，渡海而发现于英吉利岛国了。 表演易卜生的翻译本，以及新剧场运动，次第把大陆的新气运动搬到英国的文坛剧坛来，而实现了莎士比亚以后的新剧。 然而功利主义的英国人，把这种运动不看作第一义的纯艺术问题，欲看作第二义的社会教化方面。"②

第四类中国传统功利观的用法占 5％，主要出现于介绍中国传统哲学的书籍中，如张纯一在《墨子闲诂笺》中写道："愚案：人子爱亲，莫如以孝善利之。 然'虞舜孝己，孝而亲不爱。'墨子言中校，一以大利于君亲为归宿；是其功利主义之特色。"③

总体来看，书籍中"功利主义"的第一种含义（急功近

① 张东荪：《道德哲学》，上海：中华书局 1931 年版，第 90 页。
② 余心：《欧洲近代戏剧》，上海：商务印书馆 1933 年版，第 45 页。
③ 张纯一：《墨子闲诂笺》，上海：商务印书馆 1921 年版，第 109 页。

利）和第三种含义（表述西方思想）的用法比例比较高。从时间分布来看，1940年前这两种用法比例基本相同，1940年后，"急功近利"用法开始略多于"西方思想"，1945年后，"功利主义"的用法就以"急功近利"为主了。

从"功利主义"的含义及其分布来看，报刊与书籍呈现的情况略有不同，这与报刊、书籍各自的特点有关。首先，报刊讲求时效性，追求的是在第一时间传递最新的信息；书籍一般没有时效性要求。其次，就受众来说，报刊特别是民国时期有典型代表意义的大报，如《申报》《大公报》等，追求传播的广泛性，面向普通民众，意在起到"广而告之"的作用；书籍的读者群更为明确，如教材面向中小学生，学术类专著主要面向专业学者。由于时效性要求与受众的不同，报刊与书籍在内容上呈现不同的特点。报刊文章以新闻、时评、社论、政论性文章为主，还有文学类作品，如连载小说等，学术性较强、较有深度的文章涉及某一思想的详细介绍与分析，很少会在报刊中出现（梁启超主办的《清议报》除外）。此外，由于对及时性与新颖性的追求，报刊上很少出现重复的文章，书籍则不同，经典书籍为获得更为广泛的传播，可以再版，较为经典的文章也会被不同作者在不同书籍中引用。

由于报纸与书籍的不同特点，导致"功利主义"的不同含义在两种传播渠道中的占比也有所不同。在报刊中，"功利主义"含义以第一种用法（急功近利）为主；在书籍中，第一种用法与第三种用法（表达西方思想）大体相当。这是由于书籍中包含了不少专业性较强的介绍西方哲学与伦理思想的专著和译著。也正因如此，不少书籍中对英国功利主义思想做了比较详细的介绍与评价，但此类内容在报刊中出现很少。值得注意的是，专业性越强的书籍传播面越窄，如果抛开专业性书籍，将教科书中"功利主义"的用法与报刊比较，可以看出两者的用法大致相同。

据此可以认为，"功利主义"一词在进入中国得到较为广泛的传播后，其用法以第一种含义即"急功近利"为主。这个典型的西方外来词在多数情况下实际上表达了一个典型的中国传统文化概念的含义。

第四节　功利主义与近代中国社会的互动

功利主义作为一种源于西方的思想，在被梁启超引入中国后，究竟在社会层面产生了什么样的影响，发挥了哪些作用？

一、早期教科书中的"功利主义"

思想发挥影响的主要途径之一是教育领域，而教科书通常是最重要的载体。若从民众接受教育的角度来探讨功利主义的影响，民国期间教科书作为一类特别的书籍与民众教育关联度很大。 教科书承载着教育下一代的功能，当学生们在学校学习时，实际上是通过教科书完成初步认知世界的过程，即教科书往往是学生认知世界的启蒙书，同时还具有传播社会价值观念的功能，即学生不仅从教科书中获得知识，更重要的是从中获得适当的人生观、世界观、价值观教育。 特别是当社会发生比较大的转型时，会引发政治文化、道德伦理及有关思想领域的变化，而这些社会思想文化的变化必然会在当时的教科书中得到某种程度的反映，随后通过教育渠道在若干代人的思想认知上体现出来。 研究功利主义在中国的流变过程时，教科书的作用不容忽视。

功利主义传入中国的同期，中国教育体制发生变化，中国人自编的教科书在 19 世纪末已经问世。 总体而言，20 世纪前十年，近代教科书处于发展初期，参与的出版社和出版的教材种类都比较少；20 世纪 20 年代至 30 年代前半期是近代教材发展的黄金时期，1932 年，教育部颁布了小学课程标准，1933 至 1934 年，由于国内相对稳定，加上"新生活运动"的展开，教科书迎来了出版的高峰。

这些教科书是否包含功利主义内容？ 具体是如何表述的？其内容又对民众的思想产生了何种影响？ 笔者通过对教科书中所含的功利主义概念进行研究，以期借此了解教科书日后是如何影响民众认知中的功利主义概念的。 通过查找早期教科书中"课程与教材""汉语教学""社会教育""人生哲学""初等教育"等关键词，共发现包含"功利主义"用词的教科书约

200 种。

通过对这些教科书用词的统计研究，发现早期教科书中
"功利主义"的含义也以第一类"急功近利"用法为主，约占
总数的 50％；第三类"西方思想"、第四类"中国传统功利
观"两种含义的用法数量相当，各占 20％左右；第二类"事
功、效用"出现数量最少，约为 10％。同时发现教材中"功
利主义"含义的变化趋势与报刊相同，即在"功利主义"一词
较大规模出现后，"功利主义"的第一种用法就占据了主导
地位。

教科书中将"功利主义"用作"急功近利"含义时，往往
与明显的贬义相连，有比较明显的价值倾向。

当含义为第三类即指称"西方思想"时，通常用作对英国
功利主义思想的介绍。当"功利主义"指向中国传统思想的用
法时也是如此，即用于介绍中国传统思想。

与报刊、其他书籍相同，"功利主义"在教材中的中性用法
不多，但仍然存在。中性用法在瀚文书库教材中，最晚出现于
1948 年的《开明新编国文读本》中。可见尽管此种用法总量
不大，但是依然被保留。

"功利主义"一词广泛出现于当时的各类教科书中，特别
是国文、修身、社会等学科中。在分布上，不仅出现于各个年
份，并且在新国民图书社的"新中华教科书"、商务印书馆的
"复兴教科书"、开明书店的"开明教科书"、中华书局的"中
华教科书"、世界书局的系列教科书等主流教科书中均有

出现。

从以上统计可知,大多数情况下,教科书中传播的"功利主义"概念是贬义的用法,学生们从中得到的多半会是对"功利主义"的负面理解。随着教科书的普及,这种贬义用法和负面理解得到广泛传播,长此以往,必然会对国人产生比较大的影响。使用这些教科书的学生长大后,会通过言传身教,将贬义含义和负面理解写在文章和书籍中,借助各种渠道再影响其他人。

二、 学术界对"功利主义"的看法

通过有关史料不难发现,将"功利主义"与"功利"混用肇始于学术界知识分子的引导,甚至有些学者认为古代中国就存在"功利主义",似乎"功利主义"本来就是"功利"的一种表达。

查阅资料发现,近代最早将"功利主义"一词用来描述中国传统思想的是梁启超,他1902年发表了《论中国学术思想变迁之大势》,将先秦韩非的思想称为"功利主义"。说明梁启超在引入功利主义思想之初,即将此概念与中国传统"功利"思想混同,开启了将"功利主义"与传统"功利"混同的先河。梁启超1904年在《子墨子学说》中讨论中国传统哲学思想时仍继续使用"功利主义",此时梁启超将功利主义看成是与儒家道德学说相对立的伦理思想,不难观察到梁启超坚持认为中国传统思想里也有功利主义，并将这种功利主义与儒家学说对立起来。

除梁启超外，麦孟华于1903年在《新民丛报》上发表《商君传》，将商鞅的政策称为"功利主义"，其用法与梁启超《子墨子学说》中的用法相同，对功利主义持负面贬义的理解。1910年吴虞在文章《辨孟子辟杨、墨之非》中认为墨子学说即为"功利主义"。1915年谢无量发表《阳明学派》，也将王阳明讨论的"功利"等同于功利主义并进行了阐释。

1920年以后，梁启超此类用法明显增多。他在1920年发表《墨经校释》，当描述墨子思想时，使用"墨家功利主义"来表达。梁启超将"功利主义"一词也用于介绍其他中国传统功利学派。梁启超在介绍、评论王阳明知行合一思想时，也自然地将王阳明所批判的"功利"等同于功利主义。

1920年代，其他不少学者同样非常自然地用"功利主义"来表达中国传统功利学派思想，并写入《中国伦理学史》《中国哲学史》这样重要的学术著作。如1922年胡适在其博士论文《先秦名学史》、冯友兰在其1925年出版的教科书《人生哲学》、蔡元培在《中国伦理学史》、谢无量在其《中国哲学史》中都用"功利主义"来表述中国传统功利学派思想。"功利主义"不仅被学者们用来指代墨子思想，也被用来指代管商、陈亮、叶适等人的思想。此后，这些学者们延续并发展了这种用法。如冯友兰在其《中国哲学史》中将墨子思想称为"功利主义"。范寿康在1941年出版的《中国哲学史通论》中，更是直

接将墨子与 utilitarianism 联系起来。 贺麟等在 1948 年合著的
《儒家思想新论》中，也用"功利主义"一词展开对儒家思想
的讨论。 可见，从 20 世纪 20 年代开始，将中国传统功利思想
称为"功利主义"已经成为学界主流的理解。

由上可知，"功利主义"与"功利"的混淆由 20 世纪早期
的部分学者开端，后来不断得到更多学者的认可，更有诸如哲
学史、思想史一类重要学术著作给予高认可度的"背书"。 这
种几乎各个年代的中国学者都认为中国传统文化包含功利主义
思想的理解，其影响延续至今。 事实上，当下仍有不少学者与
当年的梁启超一样，坚持认为中国传统思想中存在功利主义。

三、 功利主义在实践层面的影响

从实际结果看，功利主义尽管在中国的社会舆论场上有所
影响，但在社会实践层面的作用却非常有限。 根据以上对早期
教科书的梳理，功利主义在中国实践层面的影响主要发生在教
育领域。"功利主义"多数情况下在教科书中被赋予了传统
"功利"概念的理解，而这种理解是定位于"急功近利"的负
面解释，其倡导的价值倾向非常明显，年轻人难以从学校教育
中获得对功利主义比较全面的理解，更有可能得到的是负面
理解。

在教育以外的社会实践层面，尽管"功利"概念在中国自
古有之，但"利"始终处在被批判的地位，所以很难期待与

"功利"混同的"功利主义"短期内得到主流社会的认同并产生重要影响。虽然梁启超受到日本明治期间社会环境的影响，认同日本社会对功利主义理解的内涵，将其视为认同追求利益（财富）的行为的理论，他的原意是将功利主义用作国民性改造的思想资源，但由于种种原因，梁启超的追求并没有得到社会的认可，导致功利主义思想在社会实践层面上难以产生实际效果。从功利主义在国内传播的实际效果看，由于"功利主义"与"功利"混合为一体，似乎只是使得"功利"多了一种表达方式，附加了"主义"，表达上更加新潮而已，本质上与"功利"概念并无不同。

根据对当时中国社会实际情况的观察，功利主义在社会实践层面上发挥的作用非常有限。功利主义由于承认追求经济利益的正当性，通常对经济发展有正面影响，社会实践效果会直接体现为经济增长。根据麦迪逊经济发展统计数据[1]，1870—1900 年，日本 GDP 年增长率 2.4%，人均 GDP 年增长率 1.6%；1900—1936 年，中国 GDP 年增长率 0.9%，人均 GDP 增长率 0.25%，分别仅为日本明治维新时期的 37.5% 和 15.6%。尽管影响经济增长的因素很多，但清朝末期和民国初期的功利主义传播并没有取得类似日本明治时期经济快速增长

---

[1] ［英］安格斯·麦迪逊：《中国经济的长期表现——公元 960－2030 年》，伍晓鹰、马德斌译，上海：上海人民出版社 2008 年版，第 168 页；［英］安格斯·麦迪逊：《世界经济千年统计》，伍晓鹰、施启发译，北京：北京大学出版社 2009 年版，第 168、178 页。

的结果，这是值得认真思考的现象。 一个可能的解释是即便功利主义进入中国后成功地帮助中国社会改变了财富观，但当时中国社会的经济发展还是受到多重约束，特别是中国当时处在内忧外患之中，尚未具备实现国家整体发展的机制。 反观明治时期的日本，迅速建立了统一的中央集权，使功利主义无论在政府制定经济发展政策方面还是激励国民求取个人财富方面都有机会充分发挥其作用。

当然，从社会历史进步观出发，中国传统文化中的"进步"意识，即弘扬以利为主的意识早已萌芽，并会逐步扩大影响。 但在梁启超所处的时代，这样的意识尚未成气候，功利主义的引入并未在道德伦理上对当时中国社会的传统观念和社会舆论产生重大影响，更无法在社会实践中发挥重大影响。 功利主义的社会效果不仅是观念问题，更是实践问题，需要必要的社会环境支持。 一个例证是 1980 年开始中国经济高速发展，某种程度上可以理解为追求个人利益的功利主义思想得到了相应外部社会环境的支持，从而产生了显而易见的社会效果。

第四章

近代中国传统价值观与功利主义

从上述讨论可知，英国古典功利主义（特别是穆勒的思想）在经过日本明治时期中介后，虽然由梁启超引入了中国，但遭遇了从中国传统文化出发的本地化理解，功利主义的思想内容基本上被中国原有的"功利"概念同化、覆盖。直到今天，在中国的社会语境下，"功利主义"已经不具有"主义"所包含的公理、真理属性，而被人们视为一种基于个人感性经验、讲求个人利益、以短期行为为主的思想方法和行为方式，让人联想到利己、个人利益的算计、自私自利的品行等，其含义为追求功名利禄或急功近利，对它的理解往往呈现为一种非科学的世俗形态。在现实生活中，当代中国人对这种"功利主义"并不陌生，即使不太关心政治、哲学的普通民众，也都在他们的商业活动、社交来往以及日常生活行为中或多或少地与这种"功利主义"相关，人们常常自觉或不自觉地实践着中国式的"功利主义"，有意识或无意识地以此指导自己的行为。即使在学术界，也有不少学者将西方功利主义与中国式"功利主义"混淆，并把这些混淆延伸，甚至在此基础上展开对功利主义的所谓批判。

从西方功利主义早期在中国的传播和接受过程直至当下对功利主义的理解，不难发现中国传统文化在此过程中扮演了重要角色，发挥了很大影响。但面对中国传统文化与功利主义的关系，不少问题至今仍不清晰，如相关讨论中涉及冠以"功利主义"名称的若干概念从未有严格定义，大多含义模糊。中国传统思想中是否包含功利主义？ 是否可以将中国古代一些思想家如墨子的思想认定为功利主义？ 这其中更根本的问题是中国传统的"义利之辩"与功利主义是什么关系？

第一节　停留在传统话语中的"功利"

第三章讨论了"功利主义"在近代报刊和书籍中的用法，认识到功利主义引入中国后，很多场合下被从功名利禄、急功近利的贬义角度去理解，很大程度上与中国传统文化中"功利"一词的含义相混淆。考虑到"功利主义"与"功利"的文字相似性，本节专门就"功利"一词在同时期报刊、书籍中的用法进行了考察，在此基础上，选择当时在中国学界有影响力的一些学者作为考察对象，考察他们使用"功利"一词是否受到当时已引入的功利主义影响，借此辨析中国传统文化中的

"功利"概念与西方功利主义之间的异同。

　　通过考察 1851 年至 1910 年间（咸丰元年至宣统二年）典籍文献中"功利"的用法（此处依然采用了考察"功利主义"在近代报刊和书籍中使用情况的相同方法），发现有高达 85％的"功利"用法和本书第三章讨论的"功利主义"第一类用法即贬义含义相同，即"功利"被用以形容急功近利、自私自利、只求个人利益而不顾道德仁义的现象或行为。比较典型的如 1861 年出版的《耐庵诗存卷三》、1871 年出版的《拙修集》、1880 年至 1886 年出版的《柏堂集》。参照三本书中所提到的"功利"的含义可知，当时"功利"一词的用法承袭了明末清初"义利之辩"中"利"的含义。而且，相比早前的"功利"用法，清晚期的"功利"用法中，"私"的含义进一步强化，如上述三本书不约而同地提到了"私心"。其余 15％的用法以中性表达为主，即本书第三章讨论"功利主义"的第二类用法"功效、事功"，如《胡文忠公遗集》（卷七十七）等。从使用频率来看，"功利"的贬义用法远大于中性用法。历史上，"功利"一词的基本含义在先秦时期已经确立，随着"义利之辩"的展开和社会历史的发展，其内涵不断丰富。到了清末，"功利"几乎成为"急功近利、自私自利"的代名词。

　　为进一步了解中国近代社会对"功利"的用法，本书还考察了近代报刊含有"功利"但同时不包含"功利主义"的文章，对其中"功利"的含义进行了比较。从抽样文章中发现："功利"的贬义用法占比超过 73％，中性用法占比约 16％，指称英国功利主义学派的用法 7％，指称中国传统哲学的用法 4％。 与"功利主义"用法的分布比例相似。

如 1873 年 2 月《申报》所刊的《天地吾庐记》①中，"人生天地间有如远行之客浮生若梦，为欢几何？ 孳孳于功利，将天地之至山川之奇境弃而不取，甚可惜也。 太史公好游名山其文浑灏流转高不可攀"。"功利"一词表达的是一种充满欲望的、追求功名利禄的生活状态，而这种状态是与"悠然相值"相反的。 1897 年《申报》的《功利说》②中写道："天下之大要曰利，天下之大害亦曰利。 盖自孔子言小人喻于利，孟子对梁惠王言何必曰利，而后世说国之士说言功利，利之一字遂为儒者所诟病。 庙堂之上计及度支者则訾之曰，言利之臣市井之中，较及锱铢者则薄之曰牟利之徒，彼岂不曰重本而轻末抑财利而尚道德仁义也，然亦思周公大圣而官礼实开。 夫利源管子名臣而山海咸探，夫利薮古之谋国者未尝讳言利，且必先兴乎利而后道德仁义可得而施。 是故兵农礼乐非利不行，教训正俗非利不成，不行赋税以贡于上所以贡者利也"。 此处对"功利"的使用亦为传统"功利"的贬义用法。 可见晚清报刊文章对"功利"的解读与论证依然停留在传统伦理的话语体系中。

功利主义被引入并传播后，学者们在用"功利"一词时，依然保留了原有的含义。 如吴宓 1926 年发表于《学衡》的文

① 栖云山樵：《天地吾庐记》，《申报》1873 年 2 月 5 日第 1 版。
② 申报编辑部：《功利说》，《申报》1897 年 1 月 9 日第 1 版。

章①;《申报》1935 年 3 月的一篇时评②;郭沫若 1944 年发表于《东方杂志》的《吴起说》③。通过比较他们文章中的用法可知,学者们对"功利"一词的用法并没有受到功利主义引入的影响,而是延续了晚清文献中所呈现的原有主流用法。

比较近代报刊、书籍中的"功利主义"用法与清末文献及同期报刊中的"功利"用法,不难发现两者的指向在大多数情况下是相似的,都以贬义用法为主,均指向"急功近利、自私自利"的含义。"功利主义"一词引入中国后,遭到原有"功利"概念有意或无意的同化、覆盖。即"功利主义"与"功利"遭遇后,"功利"并没有变化,变化的只是"功利主义"一词的内涵。1940 年代后,"功利主义"一词已经基本脱离了源自英国的 utilitarianism 的含义,而与中国本土的"功利"合流,成为"功利"的另一个语词表达。

第二节　近代历史上的"义利之辩"

中国传统的"义利之辩"与功利主义之间的关系更需要辨析。研究这一问题时,需要对 20 世纪初发生的近代"义利之

---

① 吴宓:《西安围城诗录序》,载《学衡》1926 年第 59 期。
② 《时评 孙中山先生逝世十周纪念》,《申报》1935 年 3 月 12 日第 6 版。
③ 郭沫若:《吴起说》,载《东方杂志》1944 年第四十一卷第一号。

辩"予以重点关注，因为晚清时期正值中国社会大变革，这个
时代的中国社会价值观及其变化对功利主义传入后的理解和接
受会产生直接影响。

在分析近代的"义利之辩"之前，简要回顾一下在中国文
化传统中占有重要地位的"义利之辩"。毫无疑问，中国社会
对功利主义的理解和接受受到中国传统价值观的影响，而传统
义利观是传统价值观的重要组成部分。中国传统义利观的形成
和发展过程中，不可逾越的环节或者说不可或缺的内容应该就
是历史上的"义利之辩"。事实上，"义利之辩"是中国思想史
上功利观演变的主轴，从先秦直至清末，贯穿了中国传统义利
观发展的全过程。由于"义利之辩"同中国传统义利观之间有
着如此直接的联系，离开"义利之辩"，就无法讨论真正意义上
的中国传统义利观。

在中国传统"义利之辩"中，两大派别分别是：源于孔子
"君子喻于义，小人喻于利"的观点，以"重义轻利"为思想
主旨的道义论；以"重利轻义"为思想主旨的功利论。两个派
别由于所持立场的不同，导致二者在中国思想史上的长期论
争，产生了所谓的"义利之辩"。从伦理导向看，儒家传统功
利观始终是中国社会的主流功利观，尚义贬利，对功利观念和
行为是不倡导的。孔子之后，在社会实践推动下，先后经历过
孟子"先义后利"，荀子"见利思义"，董仲舒"义利统一"，
宋代"注重事功"以及明清"义利合一"等思想的演进，逐步
形成了以"重义轻利"的传统理念为根基，并有所修正的"义

利并重"的功利观念。 传统义利观具有深厚历史积淀,时至今日仍然对民众的思想观念以及行为实践有一定程度的影响。

中国历史上有过三次"义利之辩"高潮,即战国时期、两宋时期和近代(鸦片战争——五四时期)。 从中国思想发展的历程来看,引起思想家对社会问题进行集中思考的阶段往往是内忧外患、动荡不安的时代,"义利之辩"的发展历史也说明了这一点。 有学者指出:"在中国历史上,当社会各领域(当然特别是经济领域)处于激烈重大的震荡变革之时,也就是伦理思想领域功利论和道义论的争辩风起激烈之时,这是一个具有规律性的现象。 透视这三次'义利之辩'之所以产生的社会历史背景,恰恰是中国社会发展史上的三个重大的转折变革时期"。①

近代历史上的这次"义利之辩"实际上在梁启超 1902 年引入功利主义概念之前已经展开。 近代这场"义利之辩"之所以发生,因为中国社会处于一个剧烈变革期,传统义利观又一次成为思想家们关注的问题。 值得一提的是,与前两次相比,近代"义利之辩"论战双方在力量对比和演变趋势上都发生了明显变化。 功利论思想并没有被当时的道义论所压制,而是基本上冲破了传统道义论的思想局限,充分展示了时代进步思想的力量。 此时的进步思想家除了部分地继承了传统道义论或功利

---

① 黄伟合、赵海琦:《善的冲突——中国历史上的义利之辨》,合肥:安徽人民出版社 1992 年版,第 215 页。

论的观点外，更多的是根据时代的发展，赋予了新的理论内容，不仅使得"义利之辩"的内容愈加丰富，其演变的方向也和中国近代化的发展方向相一致。

晚清尤其是甲午战败后，中国陷入深刻的社会危机，越来越多的中国人开始改变认识世界的陈旧观念，一批有担当的知识分子对落后的社会意识展开了空前猛烈的批判。龚自珍作为清代重要的思想家、改良主义运动的先驱，清醒地看到了清王朝已经面临日暮黄昏，他批判清王朝的腐朽，从人性解放的价值取向出发，强调个体的私利和欲望，肯定"私"的普遍性和永恒合理性，呼唤对社会进行改革。魏源是"睁眼看世界"的首批知识分子代表，作为一代思想家，他解剖了清朝衰朽的社会，主张"以实事程实功，以实功程实事"，通过发挥人的主观能动性，实现利国利民、富国强兵的价值目标。早期改良派如郭嵩焘、冯桂芬、薛福成、王韬、郑观应、陈炽等都曾对西方国家进行过实地考察，对西方社会的政治、经济制度有深刻的感受，也提出了许多具体的社会转型思路。戊戌改良派更加激烈批评传统观念，其程度大大超过同时代的其他先进思想家，如谭嗣同反对当时社会主流的义利观，针对讳言财利的观念而大胆言利，提倡积极有为的功利观。

宋明理学原本立意为义理之学，认为天不变道亦不变，作为主流价值观长期统治着中国思想领域，直到晚清残酷的社会现实才使宋明理学的义理观遭受到挑战，迫使此类传统观念顺应社会现实而进行调整。特别是在这种痛苦的社会现实刺激下，一批有担当的知识分子在被视作天经地义的道理中主动探究国家衰败的原因，审视衰败的过程，促成了对外部世界和自身认识上的一次转变。

这其中具有典型意义的案例是冯桂芬和他的《校邠庐抗议》。近代中国战败的屈辱促进当时的部分知识分子进行理性思考，成为变法思潮的起点，社会上逐渐形成一股变法潮流，《校邠庐抗议》就是当时的代表性著作。该书1861年成书，随后在士大夫中间广泛流传，1883年在天津正式刊行。全书共40篇，主张对社会进行全面变革。冯桂芬具有敏锐的眼光，并保持着清醒头脑，但他未能完全摆脱时代的局限而提出根本性的社会改革建议，只是在维持原有社会秩序的基础上提出一些局部性的变革措施。从这个意义讲，冯桂芬的思想道路十分典型地反映了在近代中国艰难变迁过程中本土传统思想的变化，也反映了即使是在当时非常传统的中国社会环境下，没有外部思想的直接输入，中国社会自身仍然有某种产生进步思想的能力。他明确主张采用"以富强之术"为内容的西学，认为中国的"伦常名教"和西方的"富强之术"是可以取长补短、互相协调的，清楚概括出西学和中学如何结合的一种方案，反映了中国本土思想应对外部世界的变化而变化的情况。

具体到功利观上，面对国内危机和外来列强入侵，一部分知识分子深感汉学的"名物训诂"和宋学的"空谈性命"已越来越成为思想界的限制，提倡探索和解决现实问题的"经世致用"之学，如洋务派提出中体西用、推动变法维新，许多人提出各不相同的救亡图存策略。 这其中不可避免涉及义利观，于是与"义利之辩"相关的讨论重新兴起。 这段时期中国传统义利观的变迁是近代伦理思想演变的缩影，其间展开的价值观探讨中涉及的价值观念皆围绕着"中国向何处去"这一主线，不同价值观激烈对立。

当人们讨论中国社会转型时期所发生的中外思想文化碰撞时，往往将西方文化思想视为进步一方，中国传统文化思想视为落后一方。 在讨论清末中国社会的功利观时，甚至会有一定预设框架，常常不加区分地用宋明理学时代的功利观来概括已经发生较大变化的晚清时期的功利观，将此时的中国传统思想标签化为"落后文化"。 需要指出的是，尽管此时的"功利"概念仍然不失浓厚的中国文化传统烙印，但并不能简单地将晚清的"功利"概念与宋明理学时代的"功利"概念甚至更早时期的观念等同起来，而必须考虑时代的变化，不能简单地认为中国传统功利观始终一成不变。 事实上，和宋明理学时代相比较，清末的功利观已经发生了不小变化，这种变化需要从中国伦理思想本身演变的角度来考察。 清末功利观所发生的变化与整个社会演变进步的方向是一致的，这是一种带有进步元素的思想变化，本质上是与中国社会现实秩序互动的结果。

面对"数千年来未有之大变局"，中国社会维持了两千年的儒家伦理主导的社会秩序发生了变化，这是旧的社会秩序向新的社会秩序嬗变的过程。 晚清以前，中国经济整体情况已经发生变化，使一些带有现代性因素的转变成为可能。特别是经世传统重新崛起，成为批判朱熹理学的重要力量（这其中以王安石、陈亮、叶适、张居正、顾炎武等为代表），主要思想为反对空谈义理，提倡注重实学和经世致用，这种带有现代性因素的思想发挥作用的着力点主要体现在对经济的日益强调，如经世传统与富国强兵的结合，这也是后来提出所谓"救亡压倒启蒙"的原因之一。

中国社会功利观的这种变化尽管不能突破原有社会制度体系和社会逻辑前提，但仍是顺应着社会客观现实的变化，在既有的社会体制内吸收进步因素，进行局部调整。借用社会学家艾森斯塔特（S. N. Eisenstadt）的理论术语，可以解释为中国社会此时发生了"适应性变迁"①。这种"适应性变迁"在很大程度上适应了既有的政治体系，不用改变基本制度框架，而是通过不断的内部微观调整，吸收社会中新的因素，修复失效的内部机制。这种"适应性变迁"可以理解为一种符合社会进步发展方向的变化，中国近代社会在发展过程中也孕育着具有现代性指向的文化潜流，这使传统"功利"思想产生了某种程度的"进化"。

事实上，传统的"功利"观念通过这种"适应性变迁"，已经逐步向"讲实效、重习行"的功利观趋近，可以说清末的功

---

① 此处的术语参见［以］艾森斯塔德《帝国的政治体制》，沈原、张旅平译，南昌：江西人民出版社1992年版。

利观已经带有明显的现代性烙印，其产生与发展标志着中国传统功利观步入了向现代性方向演绎的发展进程。如洋务派的功利观逐渐以"求强""求富"为目标，逐步推出包括加强军事、兴办商务在内的一系列功利性举措。这一阶段在事功层面上不但提出"与洋人争利"，而且还形成"商本""以商立国""商为四民之纲""开明自营"等观点。这些观点既是对传统的"以义制利""义然后利"等功利论的继承发挥，又开始具有适应现代社会生活、学习借鉴西方的新特点。就其价值取向来说，如"中体西用"不但体现出明显的事功导向，而且在引入中外体用之说后无疑把中国传统功利论推进到一个新的高度，促进传统义利观向现代性方向转型。

在晚清的"义利之辩"中，无论保守派的"贵义贱利"、洋务派的"先富而后能强"，还是资产阶级改良派的兴利思想，其中心思想均包含对"利"的讨论，洋务派、改良派均强调对"利"的坚持。这种"讲实效、重习行"的功利观与梁启超试图借用功利主义背书所要宣传的"新民说"中"不讳利益"的核心内容在本质上是高度一致的，这也是当时"义利之辩"含有的进步思想元素已经具有的水平。一个很能说明"义利之辩"含有进步思想元素的例子是严复在《天演论》中有关"功利"的阐述。《天演论》中只有三处提到"功利"，常被讨论的是出现在"群治十六"复案中的"功利"一词，原句为："大抵东西古人之说，皆以功利为与道义相反，若薰莸之必不可同器。而今人则谓生学之理，舍自营无以为存。但民智既开之后，则知非明道，则无以计功，非正谊，则无以谋利，功利何足病？"①在译《天演论》时，严复除译介正文外，还通过按语表达自己的伦理思想和观念，上述引文正是严复表达的他的看法而非原文的翻译。严复这里提及"功利"一词，实为严复在复案中针对当时中国社会现状所阐述的个人观点，其目的为纠正当时不问国计、轻视经济的"非功利"思想。严复在此处表达观点的用词也与中国传统"义利之辩"中董仲舒、颜元②的用词几乎一致，显然严复这里的表达实际上是在"义利之辩"框架下展开的争论，他在此处赞同颜元的观点，基于认同"利"的立场阐述了自己的观点，对董仲舒所倡导的中国传统土流义利观进行了批判。国内常常有人将严复此处涉及功利的表达称为严复通过《天演论》首次引入了西方功利主义的佐证，殊不知这仅是严复作为当时的有识之士在中国传统"义利之辩"框架内强调"利"的重要性，与边沁、穆勒的功利主义概念显然并无直接关联，但它说明了当时中国思想界在没有外来思想"掺和"的情况下义利观已经具有的思想高度。这种思想高度就是中国知识分子所共识的"不讳利益"，这和梁启超"新民说"的思想高度完全一致，而这正是当时中国思想界理解并接受功利主义的思想基础，中国近代思想家是以"适应性变迁"

---

① ［英］赫胥黎：《天演论》，严复译，北京：商务印书馆 1981 年版，第 92 页。
② 董仲舒的表达为"正其谊不谋其利，明其道不计其功"；颜元的表达为"正其谊（义）以谋其利，明其道而计其功"；严复的表达为"非明道，则无以计功，非正谊，则无以谋利"。

所取得的进步观点参与第三次"义利之辩"的。 虽然梁启超已经接触到西方现代思想，但他的认识还是受历史条件所限，并没有超越中国社会义利观的思想基础。 换句话说，如果没有梁启超从日本引入西方功利主义，国内思想界也已经基本达成"不讳利益"的思想共识，和梁启超通过功利主义所达到的思想高度是一样的。 只不过梁启超引入西方功利主义的目的性非常明确，是为了教育民众，改造国民性，其途径是通过提出系统性的"新民说"，将功利主义置入"新民说"，并为"新民"这个目的服务。

换一个角度看，"不讳利益"的思想元素并非为功利主义所独有，它已经在第三次"义利之辩"中居于核心地位。 梁启超也只能停留在"义利之辩"所达到的思想水平而无法超越，他对功利主义并没有突破性理解，也就是无法超越当时中国社会对"义利之辩"认识的思想基础。 当然就不可能达到当年边沁将功利主义作为新的社会原则的高度，也未能达到穆勒将功利主义与社会进步挂钩的思想认识。 加之 utilitarianism 在日本已经被井上哲次郎"别有用心"地翻译成"功利主义"，其核心译词"功利"与"义利之辩"中的"功利"一词重合，从而使部分知识分子对功利主义产生思维联想，导致认识方向上的干扰。在诸多原因的共同作用下，梁启超在日本所认识的功利主义本就没有什么思想高度，最终发展为被中国传统"功利"概念的内涵所覆盖的状态似乎也就不难理解了。 当功利主义被功利覆盖后，原先在西方社会发展过程中曾发挥过很大影响的

utilitarianism 就成为中国传统"义利之辩"讨论中有时可以代表"功利"的一个配角。

近代中国的"义利之辩"体现出了社会思想进步，但这种义利观的理解客观上形成了中国社会当时对"利益"认识的天花板，这也是功利主义进入中国后只能停留在与传统"功利"概念混淆的思想高度的原因。从另一个维度理解，不妨将这样的结果归咎于任何国家在接受外来思想甚至启动现代化过程时，面临着自身文化传统的某种制约，其现代化的进程必然有本土特征，不可能达到外来思想原有的水平，即不可能"全盘西化"。

第三节　传统"义利之辩"与功利主义之比较

我们需要从一般意义上分析"义利之辩"与功利主义的关系，因为功利主义在中国的传播结果与"义利之辩"的影响有直接的关联。由于缺乏针对功利主义与中国传统文化关系的深入研究，人们往往对二者关系进行简单的比附式处理，除了在功利主义传播早期就将源于西方的"功利主义"简化为"功利"外，还将中国传统文化中的部分功利思想元素直接称为"功利主义"，如称中国古代某某思想家的思想为"功利主义"。而对普通民众来说，他们本来就对功利主义不甚了解，往往可能将功利主义这样一种具有社会哲学视野的伦理学说理解为自私自利的利己主义，对其核心内容"最大多数人的最大幸福"原则的内涵更不知晓。

本节对功利主义思想与中国传统文化中的"功利"思想进行比较，试图由此理解功利主义与中国传统文化"义利之辩"的关系，当然这里的功利主义是边沁、穆勒的功利主义思想体系，以此作为与中国传统"义利之辩"进行概念界定和辨析的比较基础，将二者放在一个可以有效比较的框架中进行分析。

一、二者的前提和基础

任何学说都有其立论的前提。讨论功利主义时，综合前述的功利主义演变过程，考察边沁所处的科学主义和自由主义盛行的时代背景，我们不难发现边沁的功利主义学说有两个基本的理论前提：理性主义原则和个人主义原则。

功利主义思想史研究专家哈列维（Elie Halevy）在《哲学激进主义的兴起》一书中指出，功利主义体系有两个基本假定，尽管它们没有被正式地阐明过，但实际暗含在整个学说中，第一个是理性主义假定，第二个是个人主义假定。① 边沁体系的价值就是这两个假定的价值。

① ［法］哈列维：《哲学激进主义的兴起》，曹海军等译，长春：吉林人民出版社2011年版，第510页。

1. 理性主义假定

西方思想家关心自然，热心研究自然问题，注重逻辑，喜欢对事理作细致的解剖和严密的推论，亚里士多德时期就已经形成比较发达的抽象思维及一整套逻辑推论的方法。形式逻辑的发达是西方哲学思维的明显特点，他们的学说大都比较系统化，在表述上讲求概念清晰明白，逻辑论证严密，条理分明。由于西方社会强调人的理性，主张以人的理性作为衡量一切事物的尺度，由此形成了理性至上的文化传统。

在牛顿于 17 世纪提出万有引力定律和三大运动定律后，边沁时代的西方社会更加相信用理性的方法能获得世界的绝对真知，除了通过掌握自然法则（规律）支配外部的自然界外，甚至认为按照对物质进行物理研究的方法同样可以指导对人类个体和社会的研究。如作为牛顿法则的应用，能够通过综合归纳与演绎的方法解释所有现象的全部细节，以此为基础可以建立一种理性的政治理论；如果心灵科学与社会科学显示出与牛顿物理学类似的实验和精确科学的特性，那么也可能建立普遍实用的、科学的道德与法律理论。

哈列维指出，这一问题贯穿于边沁所处的整个世纪，这是激发英国人思考的问题。① 而这正是边沁将牛顿原理的科学原则应用于政治与道德事务所做的一种尝试，在这种道德牛顿主

---

① ［法］哈列维：《哲学激进主义的兴起》，曹海军等译，长春：吉林人民出版社 2011 年版，第 6 页。

义中，观念的联想原理和功利原理取代了万有引力原理的位置。1832 年初，边沁和詹姆斯·穆勒已经将宪法设计成最大幸福原理和普遍利己主义原理的推论的总和。为了使这种社会科学成为可能，他们认为幸福是快乐的总和，或者更准确地说，是痛苦的总和与快乐的总和。功利主义者认为政治学作为推理的科学是可能的，因为他们认为人性的法则是简单的、相通的。西方思想家相信人的确定性是以世界的确定性为基础的，而世界是有机的、合逻辑的、合必然性的、和谐统一的整体，只要通过纯粹理智的思考，通过直观逻辑的论证就可以认识世界、认识人自身。因此，理性的方法是获得世界绝对知识的方法，用所发现的知识可以造福人类，理性的力量会给人类社会带来进步和繁荣。他们肯定理性的力量，认为只要诉诸理性，就能克服人类的一切"迷误"，找到改造社会的方案。这就是功利主义产生时社会流行的普遍理解，也是功利主义立论的思想基础和前提。

这种理性主义的认识在中国传统思想体系中并不具备，中国人对外部世界的理解与西方观点大相径庭。古代中国就形成了独立的文明体系，后来又以儒家学说为核心和根基，经过几千年的传承和积淀，具有深厚的传统和明显的特性，完全不同于西方的"智性文化"。中国古代的思想家历来信仰"以天为宗，以德为本"，"配神明，醇天地，育万物，和天下"，"内圣外王之道"是直接为统治阶级服务的，思考方向显然是社会政治伦理问题。中国传统文化注重道德教化，带有浓烈的政治色彩，形成了一种趋善求治的伦理政治型文化，讲求"和为贵"的和谐精神，强调人际关系的协和。 由于中国传统文化具有强大的历史惯性和渗透力，这种理解直到近现代社会还顽强地发挥着影响。 中国传统思想常常与政治伦理思想融为一体，西方思想则更多与自然科学联系在一起，二者之间区别明显，思考取向上完全不同，从中国先秦时期和西方古希腊时期起即是如此。

中国古代思想家注重直观思维，重视对事物的直观感受和切身领悟，习惯于对事物作整体的观照。 中国传统思维方式具有整体思维的特点，注重思考和猜测，强调在直观的、简单的类比中，直接推断事物的本质，追求表述上的言简意赅，常常具有某种直观顿悟的特点，但缺乏坚实的自然科学基础和严格的形式逻辑，较少进行复杂关系的逻辑分析和理论论证，往往带有直观性、臆测性的局限。 中国主流的传统文化代表儒学思想虽然具有实用的观念，但往往停留在经验层次，比如虽然提倡"格物致知"，"格物"的目的是认识客观规律、熟悉社会现实，但认为"格物"不应是向外界寻事物之理，而应求之于自己的内心，因而"格物"并不是科学理解外部世界的实验方法。 西方思想传统的理性原则、逻辑完备性原则、简单性原则使人们对世界的理解具有理论性、抽象性、精确性，并与宗教、迷信、经验、常识、技术等明显区别开来。 而中国传统思想学说和思维方式在这些方面相对比较欠缺，这种特质决定了其与西方思想相比，发展路径及结果都很不同。

2. 个人主义假定

西方社会经过中世纪漫长的黑暗岁月，随着近代资本主义生产关系的崛起，个人主义以一种新的方式得到了发展。文艺复兴强调人的感性生活解放，重视个人的权利和尊严，主张把属于人的生理、心理上的正常要求归还于人，认为人是由自身的感受、幸福、尊严等组成的独立个体。如但丁提出的"为了自己的目的而不是为了别人的目的而生存"。此后，个人主义的内涵不断丰富。在后来的资产阶级革命中，"个人"概念有了鲜明的社会政治含义。当时的进步思想家们强调个人自身是人的内在固有本质，合理的社会应当保证个人的独立性、自由权的实现。西方哲学中个人主义概念的确立，在于肯定人的个体自由、主体意识，但在对人的说明中，把人作为世界的一个对象或客体看待，以某种精神或物质的实体为基点来加以说明或确证，将人作为个体的存在，每个人对自己负责，人被看成具有自由意志的个体，个人价值是通过自身的奋斗取得的。资本主义本身的发展过程正是贯彻个人主义原则、寻求个人主体并由之而寻求经济发展的过程。

在市场经济的基础上产生和发展起来的功利主义思想体现了资产阶级发展的自身逻辑，功利主义思想正是这种社会现实在伦理上的折射与表达。虽然从理论关怀来看，功利主义并不主张不顾社会公共利益、片面追求个人经济利益，它区别于极端的利己主义，在坚持合理利己主义的同时，具有一种社会哲学的视野，在一定程度上注重从社会的制度安排和设计、社会立法中寻求实现个人利益与社会利益的统一，但不可否认，功利主义本质上是以个人主义为方法论特征的。个人主义的基本伦理倾向就是个人欲望的满足被提高到作为伦理功能的价值标准。在边沁的理论中，个人主义鲜明地体现在他对个人利益和社会利益关系的看法上。他认为，个人利益是唯一真实的利益，社会是假想的实体，是由个人组成的，社会利益不过是组成社会的个人利益的总和。这是大多数功利主义者的共同主张。穆勒的自由理论贯彻了个人主义的另一种含义，主张尊重个人，把人当作是目的而不是手段。

在中国传统文化中，整体利益高于一切，个人并不是独立的个体，而是社会的一个角色，个体是渺小而微不足道的，个人的利益和命运依附于群体社会，整体才是目标，是最高的存在。个人存在只有被社会整体所包摄、消融才有价值，个人的价值只有得到社会的认同才能实现。这种思想与中国社会的宗法关系及等级制度相关联，形成了以压抑人的个性、否定个体的独立意志为主要特征的家庭本位和皇权主义的政治伦理学说，在长期的社会生活中积淀为整体的文化心理结构。

在中国传统功利观中，不论是儒家思想体系内的功利论，还是墨家、法家的功利思想，在强调功利目的时普遍重视公利、民利，主张以利人、利天下、利天下人为价值导向和评价善恶行为的价值尺度，大多反对以个人私利、唯私唯己作为功利行为的价值取向；在从事功利行为时普遍肯定要受道德规范的节制，主张以义求利，求利不可以无义，认为义既是求利的手段，又是求利的规则。 中国传统功利思想始终强调公共利益，把社会利益或群体利益作为出发点和落脚点，即使强调重利轻义，最后的利也是群体或整个社会的利益，并不支持将个人利益作为追求的目标。

从这个角度来看传统"义利之辩"的主流思想，其立论根基和讨论的整个视野都没有超出传统思想的范围，即使谈到对利的追求，个人利益也没有得到应有的重视，仍然强调整体的价值，并以此维护既有的等级秩序，这与功利主义思想有本质的差异。 明清之际的启蒙思想家顺应了当时整个社会经济特别是工商业发展的大趋势，肯定个人追求自身物质利益的合理性与正当性，并将这种利欲的追求提升到与心性修养同等重要的地位，而且提出了在追求自身利欲的同时最终要达到整个社会和国家富强繁荣的根本目的，使个人利益与社会利益相得益彰，但本质上仍然属于以整体为本位而非以个人为本位的思想。 梁启超等近代学者的功利观在群体本位与个人本位问题上也没有超越"义利之辩"的思想框架。

可见，西方功利主义有其立论的两个理论前提，即理性主义及个人主义假设，中国传统"义利之辩"则基于中国传统文化对外部世界的理解方式以及整体至上的思想取向，两者之间形成了强烈的对比并存在很大的冲突。

二、二者所涉及的内容范围

西方功利主义的核心内容是以人性论为基础，提出了服务于社会改革宗旨的"最大多数人的最大幸福"原则。功利主义思想不仅包含处理人与人之间、人与社会之间关系的原则，而且被上升到社会原则的高度来处理法律、经济、政治等多领域的复杂问题。由于功利主义具有的基础性特点，它往往与其他领域的学说高度相关，如"最大多数人的最大幸福"原则就不仅成为法律领域的立法依据，也构成政治学、经济学的前提之一。功利主义思想已经成为一种社会哲学和社会理论，它关注的范围既包括对人的道德本性、行为判断和价值经验的研究，也包括对人们的利益、权利以及国家的政治、法律和经济制度的研究，这些方面又是相互纠缠、相互渗透的。功利主义伦理思想作为功利主义体系思想的道德基础和核心内容，涉及诸如政治学中的权利、自由、社会正义，经济学中的理性选择、利益最大化以及法学中法的本质等观念，功利主义理论与经济、政治、法律诸学科之间有着密切的互动，事实上功利主义思想已经在不同学科观点、概念之间相互交叉、相互渗透。

"义利之辩"的伦理思想集中于物质利益与道德取向以及个人与集体的关系，所讨论的义利关系可以归纳为以下两种：

其一，"义"和"利"分别被定义为道义和利益。"利"泛指利益，首先是物质利益或经济利益，人类为了自己的生活需要，必须拥有一定的物质生活资料。如果将"利"这一概念扩展，它可以同时包括人们在经济、政治、文化等各个领域的实际利益，这些都属于人所需要和追求的利益。其中有些"利"并不具备物质利益的某种实体形态，但可以转化为物质利益，从广义上讲，都可以称为"利"。然而，一般情况下，"利"仍属社会物质生活的范畴。"义"，古人以"宜"解释"义"，"义"就是人们应当遵循的道德规范，以此衡量行为是否适宜、正当。在中国传统文化里，"义"不仅指经济生活和物质利益方面的行为准则，也指整个社会范围内的价值标准。根据不同的情况，"义"又可具体划分为"正义""仁义""忠义""情义""礼义""节义""信义""孝义"等。当"义"作为道德规范的同义语时，它便不仅指"五常"（仁、义、礼、智、信）之一的"义"，而是社会一切道德规范的总称。从一般的、抽象的意义上讲，中国传统"义利之辩"中所涉及的"义"与"利"，主要是指道德规范和利益。

其二，"义"和"利"的另一种表达是用于分别表达整体之利和个体之利，这样二者的关系可以表达为社会和个人的关系。利益可以分解为整体的利益、个人的利益。传统义利观中的"利"，既泛指利益，又可以从比较具体的意义上指向个人的私利；传统义利观中的"义"，既泛指人们应该遵循的道德规范或道义，又特指道义所要求维护的国家、社会和民族的整体利益，后者也是由抽象到具体，从前者推导和引申出来的。"义"可用来表示某种整体利益，从这一点上看，它又具有特定的功利内容。

"义利之辩"中的不同观点都代表了中国的先哲关于道德与物质利益关系问题的严肃思考，表现了人们在处理社会关系时道义原则与功利原则这两种价值取向的差异与对立，主要表现为对物质利益与道德取向、个人利益与整体利益的基本关系处理，它本质上是价值观之辩。这些思想中包含了以个人功利作为驱动人们道德行为的动力，并以此作为道德的维持手段，在人们满足了基本物质需要之后，进行道德教育的可能性和必要性。

可见，功利主义思想体系无论是其覆盖的广度还是其思想的深度都远远超过中国传统"义利之辩"。"义利之辩"与功利主义二者之间不仅在涉及的内容范围上有很大不同，而且在思想表达和论证方式方法上也呈现不同的处理思路。"义利之辩"的表达是中国传统叙述式的讲道理方法，通常缺乏逻辑上的推理论证，而功利主义则以一种西方惯有的理性主义思想方法，以逻辑论证的推理方式进行表达，受到牛顿发现万有引力和三大运动定律的鼓舞，边沁甚至尝试将牛顿原理应用于政治与道德事务。

三、二者的功能和作用

从前面的讨论可知，功利主义的产生及其在不同阶段所发挥的作用是在英国社会转型的大背景下所发生的。资本主义作为一种新的生产方式和新的社会制度有不同的发展时期，而功利主义所发挥的作用与不同发展时期的社会转型需求密切相连。18 世纪，英国社会转型变革的方向和原则还不清晰，边沁功利主义的出场为社会转型明确了新的原则，指明了重建社会规范性秩序的方向，并从政治、经济、伦理等各个方面为逐渐成熟的资本主义制度提供了必要的理论支撑，奠定了资本主义政治自由主义、古典政治经济学、英国法理学派以及资本主义经济伦理学的基本构架。同时，功利主义特有的实践性又使这种理论迅速得到广泛运用，"最大多数人的最大幸福"原则在英国社会伦理、道德、立法、经济、政治等领域得到普遍应用，据此推出了社会转型期间的各种社会治理措施，促进了英国现代社会的发育和成熟，在西方国家现代化过程中发挥了重要的历史作用。而穆勒对功利主义的修正则较好地解决了效率和社会财富总量增长的问题，同样在英国社会不同阶段的发展变化中发挥作用。我们可以观察到，功利主义的发展过程反映了资本主义市场经济从起步初期到高速发展、走向鼎盛、出现危机、调整而达到新阶段的历史变化过程。换句话说，功利主义的变化反映了英国乃至西方资本主义经济和社会发展的不同阶段，而功利主义对社会发展所发挥的显著效果则反映了功利主义本身在此过程中的重要性。

英国政治哲学家本恩（Stanley Benn）和比特斯（Richard Peters）在其颇有影响的著作《社会原则与民主国家》中断

言，几乎所有西方民主国家政治实践的原则都反映了功利主义的立场。① 据此不难理解，边沁功利主义思想内涵中包括一些构建现代社会基础的现代性因素（其内在的理性主义特征、个体特殊性和社会普遍性的辩证统一等），这也是直至今日功利主义仍被作为西方国家立法及公共政策等领域的基本原则的主要原因。功利主义理论具有社会哲学的视野，拓展了社会伦理的讨论范围，它所提出的种种问题、所引发的各种讨论，深刻地揭示了道德本质、道德的社会功能、道德选择的原则和道德行为的本性等伦理学问题。

中国传统功利观所发挥的主要作用是道德教化、义利关系的价值定位和价值导向功能，"义利之辩"至今仍然有一定的现实意义，但无论如何，它与功利主义的功能及所发挥的作用相比还是有巨大的差异，不可在同一层面上进行简单类比。

四、关于二者异同的总结

中国传统"义利之辩"和西方功利主义二者相比较，无论是学说前提、思想基础、理论论证方式、所涉及的内容范围以及在社会发展过程中所发挥的作用，都有非常显著的不同。

当我们面对如此显著的差异时，很难直接将中国传统"义利之辩"也称为功利主义思想。如果采用相对科学的逻辑论证

① 李强：《自由主义》，北京：中国社会科学出版社 1998 年版，第 101 页。

思路，严格按照功利主义出发点，即以边沁、穆勒所提出的utilitarianism 为比较基础，我们不得不认为中国传统中没有功利主义这样系统的理论学说。虽然随着功利主义进入中国，有人将中国古代某些思想家的学说也称为"功利主义"，比较典型的是将墨子思想称为"功利主义思想"，但按照以上的分析，这种做法并不恰当。

回顾功利主义进入中国的过程，当梁启超将功利主义引入中国时，人们对功利主义的理解实际上是（也只能是）基于中国传统文化的认识基础，很自然地根据当时的知识结构和社会发展需要，将功利主义有意无意地与传统的"义利之辩"进行比附式联系。表面上看，译词的选择沿袭了日本明治期间utilitarianism 的译法，其核心译词"功利"与传统"义利之辩"中的"功利"重合，导致了从中国传统"功利"一词的含义来理解功利主义。但从学理上分析，出现这个结果的主要原因是中国知识分子受制于中国社会整体上"适应性变迁"的思想高度，只是有限采纳了功利主义的部分内容，如梁启超将穆勒功利主义中"不讳利益"的元素作为核心内容纳入"新民说"，通过对"利"的强调以达到教育民众的目的。但"不讳利益"只是功利主义的部分内容，不能反映功利主义思想体系。事实上，在晚清的"义利之辩"中，无论是保守派的"贵义贱利"、洋务派的"先富而后能强"还是资产阶级改良派的兴利思想，其中心思想均包含对"利"的强调，这也许是功利主义进入中国社会后出现与"功利"一词混用甚至被后者覆盖置换现象的重要原因。

当功利主义在中国语境下被命名为"功利"后，人们又根据对功利主义的这种所谓"功利"的理解，再将"功利主义"作为一种思想名称去命名中国历史上出现过的若干思想，于是产生了中国古代就有功利主义思想的提法，随之产生了中国古代到底有没有功利主义的争论。

对功利主义概念的解析可以有两个不同的角度：一个是共时性角度，确认功利主义概念产生时的定义及其相应含义，包括从当时的社会语境理解 utilitarianism 产生的历史条件及其所发挥的作用；另一个是历时性角度，随着历史的展开，辨析功利主义在不同时期所发生的变化，如不同的表达方式、不同的作用体现等。但无论如何，将在特定历史阶段被命名的一个概念直接套用到以前历史上出现的某个概念上显然并不合适。某个概念被命名后，如果从共时性角度进行辨析，一定有其相应的含义，而且和产生在另一历史阶段的概念有区别。如果不加区别地直接混用，极易产生混淆，导致理解上的误读。将在某一时代的概念不设前提地与产生于另一时空的事物安排在一起，逻辑上显然有问题，通常被认为犯了时代错误症（anachronism）。

功利主义学说作为一种内容丰富、相对复杂的系统理论在中国历史上显然并未完整地出现过，我们不能因为中国历史上有的学说中含有功利主义的某个要素或部分思想内容，就将它也命名为"功利主义"。任何学说都有可能包含其他学说的某一元素，如果可以进行这样简单比附的话，很多学说都可以被命名为同一名称。中国古代某些思想（如墨子思想）尽管没有系统完整的功利主义思想，不等于没有功利主义思想所包含的某些思想要素（甚至功利观念），但这种思想要素甚至功利观念并不等于功利主义思想本身。我们可以说中国传统文化中存在功利主义的某些思想要素和功利观念，但不能将这些思想要素和功利观念直接等同为并称之为"功利主义"。

可见当中西文化交流时，中国传统文化的惯性会对正确理解、吸收西方思想产生一定的障碍，对功利主义的吸收和理解正是在中国传统的习惯性思维下产生了一定程度的误读。

第五章

从 Utilitarianism 到『功利主义』的全球理论旅行

18 世纪问世的 utilitarianism 经跨国传播，百余年后从遥远的英国经日本中介传入清末的中国。其传播路径大致经历以下重要时空节点：首先，边沁基于英国社会的发展，提出新的社会转型原则，并通过努力践行取得良好的社会效果；其次，随着英国社会进入维多利亚时代，根据英国社会新的发展诉求，穆勒对边沁功利主义学说进行了修正；再次，当日本被迫开放，为富国强兵目的寻找外部思想资源时，以穆勒思想为主体的功利主义得以引入明治时期的日本；最后，中国社会面临千年之大变局时，中国知识分子向西方学习，随着西学东渐，梁启超出于救亡图存的需要将功利主义引入中国，开始了它的中国之旅。

　　从整个传播过程来看，不难发现这是一场非常"标准"的概念的全球时空旅行，这样一个完整的传播过程与萨义德（Edward W. Said）提出的"理论旅行"（Traveling Theory）的讨论框架基本一致。萨义德认为思想的传播可视为其在国家间或不同文化间的旅行,"理论旅行"考虑的主要因素是理论赖以产生的社会文化环境、理论旅行的通道和到达目的地后所面临的社会文化环境。 如果我们使用"理论旅行"描述并讨论 utilitarianism 概念传入中国的全过程,可以直观、生动地呈现这一概念的传播现象,萨义德所强调的理论变异与地理位置空间移动的关系、理论移动的历史情境,与我们讨论功利主义概念传播时所关注的要点也非常契合。

借助萨义德的理论,分析功利主义思想从英国经日本进入中国全过程的若干特征,可以帮助理解功利主义思想在传播过程中,在不同国家,特别是不同历史阶段的本质内容及其表现形式。 虽然萨义德"理论旅行"理论主要是针对不同空间的地理位置变化而言,但根据"理论旅行"的逻辑思路,可将"理论旅行"概念扩展到时间和空间两个维度。 这样一来,我们既可以完整观察到从英国到日本、再从日本到中国的地理位置变化,同时也可以关注到时间维度上理论本身的变化,如古典功利主义理论从边沁的提出到穆勒的修正就只是发生了时间维度上的变化,但八十多年时间流逝的背后是社会历史环境的变化以及社会发展要求的变化,使边沁的原创思想被更新为穆勒的修正版本,功利主义自身的阐发方式及主旨重点也发生了很大的变化,而这种变化对此后功利主义思想的跨国传播也有很大的影响。

第一节　Utilitarianism 理论旅行的三个组成部分

　　萨义德理论旅行讨论框架主要包括三个组成部分：起点、过程、到达。

一、　理论旅行的起点

　　理论旅行的起点作为旅行的第一阶段，其核心是关注理论的产生，重点是在特定的社会历史环境下，新的思想（理论）如何产生，即如何付诸文字并形成话语。具体到功利主义思想，每一次理论旅行的起点都要将功利主义的"问世"置于当时社会对应的历史语境下，从社会转型和社会发展需求的角度来理解功利主义在特定社会历史阶段是如何"出场"的，即重点关注功利主义思想与社会转型之间的密切关系，关注功利主义内涵与社会发展需求之间的互动关系。由于社会转型是整个社会系统由一种结构状态向另一种结构状态过渡，不是社会某个部分或层面的局部转变，而是社会系统全面的、结构性的变化，原有的社会价值观已经不能适应新的社会要求，必然呼唤新的社会原则。功利主义理论的每一次出场，即每一段旅行的发生，所涉及的每一个新出发时点无一不是站在新的历史发展阶段，反映不同时代或不同国家的社会发展要求，体现了功利主义随着不同时期社会发展阶段的变化而紧密服务于转型社会要求的特征。

作为这场全球理论旅行的第一个起点，边沁的 utilitarianism 是根据工业革命后英国社会转型的要求而"上路"的，具有鲜明的时代特征，推动了英国社会的发展进程，反映了一个新时代基本的经济和社会要求以及思想状况。当英国历史进入维多利亚时代，穆勒推动了 utilitarianism 的再次"上路"。此时英国社会已经在新的社会规范基础上运行了半个多世纪，穆勒从社会进步的层面完善了社会发展原则。穆勒的修正迎合了维多利亚时代财富增长的社会进步观念，修正后的 utilitarianism 又成为下一段旅行的起点。

第二段旅途是从英国到日本，历史背景是日本社会进入转型时期，英国功利主义伦理思想显然与日本社会"文明开化"的转型需求相适应，功利主义思想所发挥的作用更多地体现为一种先进的思想资源，用于改造日本的传统社会思想，服务于发展具体的经济目标。

第三段旅途则是从日本到中国，当时的中国社会面临国家存亡的危机，救亡图存成为全社会所有努力的直接目的。梁启超认为中国民众只有借助西方先进的工业文明和文化思想的帮助，才可能改造中国的旧文化、旧思想，于是将已被日本社会接受和改造了的功利主义引入中国，作为改造国民性的工具。

从任何一段旅途的起点上观察，无论是边沁 utilitarianism

概念的创建还是穆勒若干年后的修正，无论是日本明治期间对西方功利主义的取舍还是梁启超对日本化功利主义的引入，功利主义思想的出场都是为了满足当时社会发展的需求。尽管理论的溯源可以罗列出以往若干思想家的学说，但新的思想出场的最直接动因无疑是用新的思想解决社会的真问题。

二、理论旅行的过程

理论旅行的起点之后就是"旅行过程"。思想旅行过程中不可避免会受到不同语境的影响以及所涉环境中接受或抵抗的各种力量。仅以翻译为例，理论旅行在空间上发生移动，特别是发生跨文化移动时，面对不同的语言，翻译就成为理论旅行所必须依赖的传播工具。但对概念的翻译不仅是文字的处理，其本质是不同文化之间的交流。必须注意的是，关注翻译时不能将语言之间自然存在对等译词作为预设前提，而应重点了解不同文化间存在哪些差异，是如何进行沟通的。

具体到功利主义思想传播过程中 utilitarianism 的翻译，无论早期英汉字典使用比附的方法将其译为"利人之道"等用词；还是明治维新期间井上哲次郎将其译为"功利主义"；梁启超曾采用"乐利主义"以及中国社会最终接受的"功利主义"译词；都不仅是一个是否忠实英文原意的问题，更反映了翻译过程背后不同社会文化之间的冲突，也可由此理解其所发挥的历史作用，并从一个角度反映历史的变迁。

穆勒的功利主义之所以能够在明治维新早期受到欢迎，根本原因是穆勒功利主义所强调的财富观在明治早期的语境下为释放这个社会的个体特殊性提供了理论支持。明治时期 utilitarianism 译词的演变过程，也反映了日本社会各种文化观念在接受新思想过程中的冲突。包括明治中期后，适应维护皇权统治的需要，原先有利于接纳功利主义的社会环境发生变化，功利主义逐步失去社会基础，受到社会舆论批判并被"污名化"。所有的这些变化都反映了在其背后社会文化观念上的冲突必然性。

马克思指出，"人们自己创造自己的历史，但他们并不是随心所欲地创造，并不是在他们自己选定的条件下创造，而是在直接碰到的、既定的、从过去承继下来的条件下创造。"①一个社会引入新的思想时，原有的观念难免会以自己的方式出场，尽管由于时代意识所造就的实际价值要求，必定会生长出新的思想形态，但新的思想形态会以各种话语形态纠缠于历史文化，并以"不正确理解"的形式表现出来。促使新思想出场的主要原因是社会的转型发展，我们可以将此理解为接纳新理论的条件，但同时，抵制接纳新理论的条件也不可避免地依然存在。新思想出场意味着旧思

---

① 《马克思恩格斯选集》第1卷，北京：人民出版社2012年版，第669页。

想退场，但出场和退场的交锋错综复杂，旧的思想会表现出对新思想接纳的抵制，并在退场过程中顽固地以不同方式反复出场。

三、理论旅行的到达

理论旅行的第三部分为"到达"。随着理论旅行到达目的地，理论在新的时空中必然经过一个调适融合的过程，因而不可避免地与出发时的理论发生偏移或误读。

理论抵达每一段旅行的终点时，都既得到了接受，又发生了变化，上一场旅行的终点成为下一场旅行的起点，在与下一个目的地的诉求进行有选择的内容匹配后，也为前往下一个目的地的旅行作出了贡献。根据前述研究，我们认识到在功利主义每一个阶段传播的过程中，当每一段旅行结束时，传播前的思想都已经在目的地得到了有变化的理解和接受，无论从英国到日本，还是日本到中国，都提供了这方面的实例。

作为全球传播的第一段旅行，穆勒对边沁理论的修正已经改变了边沁学说的部分内容。而在功利主义传播的第二站，日本接受的是以穆勒思想为主体的理论框架，但无论早期的西周还是稍后的井上哲次郎，对功利主义都有着和穆勒思想不一致的理解。西周尽管非常认可并接受穆勒的功利主义思想，但他理解的功利主义和穆勒的"原始"版本并不一致。至于井上哲次郎，出于维护日本皇权的需要，站在完全不同的立场，对功利主义采取敌视和抵抗的态度，更加不可能正确理解和接受穆勒功利主义思想。

在功利主义全球传播的第三阶段，梁启超基于日本社会提供的关于穆勒、边沁的二手资料，开始理解并接受功利主义，但他理解并传播的思想要点与"日本版本"仍有所区别。受到中国传统文化的影响，梁启超对功利主义的认识并没有超越传统"义利之辩"所达到的"天花板"，而是在某种程度上与国内的义利观同步，其核心观点即"不讳利益"，他对功利主义的理解仍落在中国社会第三次"义利之辩"的框架内。这也是为什么功利主义进入中国后，遭遇与中国传统"功利"概念混淆甚至被覆盖的命运。

通过对功利主义全球旅行实际结果的分析，可知理论旅行过程中无法避免被"误读"，虽然每一次"误读"发生的具体原因不同，但都是由理论与目的地社会需求之间的互动造成的，理论最终必须服从目的地社会现实的需求。随着一定长度的时间和一定距离的空间条件的改变，理论的表现形式就一定会发生改变，其最根本的原因是理论所对应的社会现实状况一直是动态发展的，而这对理论提出了新需求。当然，我们也可以从另一个层面来理解理论旅行所发生的这种变化，将这种思想（理论）的跨国旅行理解为一种跨文化交流。而不同文化之间的交流有如下特点：接受方对外来文化的理解肯定不会和原来的文化完全一致，会发生变化，从而导致无论是理论推论还是实践结果都无法避免不同文化之间的误读。

第二节　理论旅行中不同社会的反馈

思想理论在到达目的地后所发挥的作用如何，对目的地社会转型发展产生了什么样的影响，这同样是值得关注的重要问题。

功利主义理论旅行的第一阶段，由于边沁紧紧抓住了英国社会转型的真实问题，功利主义在当时英国社会的转型过程中发挥的作用比较直接，效果也非常显著。边沁不仅推动了英国法律的改革，还通过推动功利主义原则在法律以外的广泛应用，进一步在社会治理等多方面发挥了作用，无论是从法律制度改革、政治制度改革还是从社会管理改革的一些具体措施，都可以非常直接地观察到改革的具体效果。这是由于功利主义原则符合新的社会发展要求，最终得到了英国社会的广泛认可并取得了较好的效果。

穆勒对功利主义的新诠释除试图修正原先理论体系上的一些不完备之处外，主要体现为将追求幸福的手段和目标进行了置换，为维多利亚时代甚至日后人们追逐资本主义原则给出合法性的理论背书，由于更加贴近维多利亚时代的社会现实，从而被更广泛地传播和接受，促进社会发展的作用明显。

明治期间的日本社会处理功利主义的过程则以一个比较完整的变化周期再次体现了功利主义与所处时代的社会互动，可以观察到功利主义思想如何在当时社会发展中发挥作用。明治早期功利主义思想被用于帮助日本社会树立追逐财富的观念，借助多位日本启蒙思想家的努力宣传，在明治早期为"殖产兴业"作出了一定的贡献。随后情况发生逆转，功利主义遭到污名化。但日本民众追求财富的动力根源于人性，且已经受到功利主义思想的影响，很难因为政治原因而完全改变，故功利主义在明治中后期仍然对经济发展起到了一定的促进作用。

清末的中国社会现状与明治维新早期有很多相似之处，国家内外矛盾尖锐，社会各方都有富国强兵的愿望。回到当初的语境下观察，功利主义在中国"登陆"后，很快遭受与中国传统"功利"概念混淆的"待遇"，几乎被中国传统"义利之辩"的"不讳利益"观点覆盖。虽然功利主义思想有利于在"义利之辩"中对以义为先、以义为重的主流思想的批判，但由于种种原因，功利主义在当时的中国社会语境下所发挥的作用非常有限。

思想的作用落实到社会的实际运行成果上需要多方面的外部条件，提出思想仅仅是可以帮助推动社会发展或社会转型的一个因素，但最终实际产生影响的程度仍与多种其他因素有着密切的关系，在社会转型的不同发展阶段，思想所发挥的作用也各不相同。

主要参考文献

马克思恩格斯选集. 第 1 卷. 北京：人民出版社，1972

马克思恩格斯选集. 第 3 卷. 北京：人民出版社，1972

〔澳〕J. J. C. 斯玛特，〔英〕伯纳德·威廉斯. 功利主义：赞成与反对. 牟斌译. 北京：中国社会科学出版社，1992

〔德〕黑格尔. 法哲学原理. 范扬，张企泰译. 上海：商务印书馆，2014

〔法〕埃利·哈列维. 哲学激进主义的兴起. 曹海军等译. 长春：吉林人民出版社，2006

〔美〕杰拉德·波斯特玛. 边沁与普通法传统. 徐同远译. 北京：法律出版社，2014

〔美〕萨拜因. 政治学说史(下). 邓正来译. 上海：上海人民出版社，2010

〔日〕福泽谕吉. 劝学篇. 群力译. 北京：商务印书馆，1984

〔日〕福泽谕吉. 文明论概略. 北京编译社译. 北京：商务印书馆，2017

［日］高山林次郎.日本维新三十年史.古同资译.上海：华通书局，1931（首版于1902年由广智书局发行）

［日］金井淳、小泽富夫.日本思想论争史.王新生等译.北京：北京大学出版社，2014

［日］实藤惠秀.中国人留学日本史.谭汝谦，林启彦译.北京：北京大学出版社，2012

［日］手岛邦夫.日本明治初期英语日译研究 启蒙思想家西周的汉字新造词.刘家鑫译.北京：中央编译出版社，2013

［日］丸山真男.福泽谕吉与日本近代化.区建英译.上海：学林出版社，1992

［日］西周.百学连环 哲学二.许伟克译.《或问》2014年第25期

［日］狭间直树编.梁启超·明治日本·西方——日本京都大学人文科学研究所共同研究报告.北京：社会科学文献出版社，2001

［印］阿马蒂亚·森，［英］伯纳德·威廉斯.超越功利主义.梁捷等译.上海：复旦大学出版社，2011

［英］阿萨·布里格斯.英国社会史.陈叔平，陈小惠，刘幼勤，周俊文译.北京：商务印书馆，2015

［英］安格斯·麦迪逊.世界经济千年统计.伍晓鹰，施启发译.北京：北京大学出版社，2009

［英］安格斯·麦迪逊.中国经济的长期表现——公元960－2030年.伍晓鹰，马德斌译.上海：上海人民出版社，2008

［英］边沁. 道德与立法原理导论. 时殷弘译. 北京：商务印书馆，2000

［英］边沁. 立法理论. 李贵方等译. 北京：中国人民公安大学出版社，2004

［英］边沁. 政府片论. 沈叔平等译. 北京：商务印书馆，1995

［英］波兰尼. 大转型：我们时代的政治与经济起源. 冯钢，刘阳译. 杭州：浙江人民出版社，2007

［英］戴维·米勒，韦农·波格丹诺编. 布莱克维尔政治学百科全书. 邓正来译. 北京：中国政法大学出版社，1992

［英］戴雪. 公共舆论的力量：19世纪英国的法律与公共舆论. 戴鹏飞译. 上海：上海人民出版社，2014

［英］弗雷德里克·罗森. 古典功利主义从休谟到密尔. 曹海军译. 南京：译林出版社，2018

［英］哈奇森. 论美与德性观念的根源. 高乐田等译. 杭州：浙江大学出版社，2009

［英］哈特. 法律、自由与道德. 支振锋译. 北京：法律出版社，2006

［英］哈特. 哈特论边沁——法理学与政治理论研究. 谌洪果译. 北京：法律出版社，2015

［英］赫胥黎. 天演论. 严复译. 北京：商务印书馆，1981

［英］雷德蒙·威廉斯. 文化与社会. 吴松江，张文定译. 北京：北京大学出版社，1991

〔英〕罗素.西方哲学史.下卷.马元德译.北京：商务印书馆，2002

〔英〕麦金太尔.伦理学简史.龚群译.北京：商务印书馆，2003

〔英〕梅因.早期制度史讲义.冯克利，吴其亮译.上海：复旦大学出版社，2012

〔英〕莫尔根.理解功利主义.谭志福译.济南：山东人民出版社，2011

〔英〕穆勒.功利主义.徐大建译.上海：上海人民出版社，2008

〔英〕穆勒.论边沁与柯勒律治.余廷明译.北京：中国文学出版社，2000

〔英〕穆勒.群己权界论.严复译.北京：商务印书馆，1981

〔英〕穆勒.约翰·穆勒自传.吴良健，吴恒康译.北京：商务印书馆，1987

〔英〕斯宾塞.群学肄言.严复译.北京：商务印书馆，1981

〔英〕斯科菲尔德.邪恶利益与民主：边沁的功用主义政治宪法思想.翟小波译.北京：法律出版社，2010

〔英〕威尔·金里卡.当代政治哲学.刘莘译.上海：上海三联书店，2004

〔英〕威廉·戴维森.功利主义派之政治思想.严恩椿译.北京：商务印书馆，1934

〔英〕亚当·斯密.原富.严复译.北京：商务印书馆，1981

朱熹编. 河南程氏遗书. 北京：商务印书馆，1935

张之洞. 劝学篇. 李忠兴评注，郑州：中州古籍出版社，1998

梁启超. 梁启超全集. 北京：北京大学出版社，1999

卞崇道，王青. 明治哲学与文化. 北京：中国社会科学出版社，2005

曹海军编. 权利与功利之间. 南京：江苏人民出版社，2006

陈锦华等. 功利与功利观. 北京：人民出版社，2014

邓环. 从双层功利主义到系统功利主义——基于协同学的当代道德哲学研究. 广州：暨南大学出版社，2018

丁文江，赵丰田编. 梁启超年谱长编. 上海：上海人民出版社，1983

窦炎国. 情欲与德性：功利主义道德哲学评论. 北京：高等教育出版社，1997

樊炳清. 哲学辞典. 上海：商务印书馆，1926

方毅等. 辞源. 上海：商务印书馆，1915

冯天瑜. 新语探源——中西日文化互动与近代汉字术语形成. 北京：中华书局，2004

冯友兰. 人生哲学. 上海：商务印书馆，1925

高瑞泉. 中国现代精神传统——中国的现代性观念谱系（增补本）. 上海：上海古籍出版社，2005

葛奇蹊. 明治时期日本进化论思想研究. 北京：东方出版社，2016

葛兆光.思想史的写法——中国思想史导论.上海：复旦大学出版社，2013

龚群.当代西方道义论与功利主义研究.北京：中国人民大学出版社，2002

古代汉语词典编写组.古代汉语词典.北京：商务印书馆，2003

韩冬雪，曹海军.功利主义研究.长春：吉林人民出版社，2004

郝清杰.马克思主义功利观及其当代价值.合肥：安徽人民出版社，2010

何炳棣.读史阅世六十年.桂林：广西师范大学出版社，2005

侯外庐.中国思想通史第四卷（下）.北京：中国电影出版社，2005

黄风.贝卡利亚及其刑法思想.北京：中国政法大学出版社，1987

黄伟合，赵海琦.善的冲突——中国历史上的义利之辨.合肥：安徽人民出版社，1992

黄伟合.英国近代自由主义研究——从洛克、边沁到密尔.北京：北京大学出版社，2005

孔凡保.折衷主义大师约翰·穆勒.南昌：江西人民出版社，2007

劳思光.新编中国哲学史.桂林：广西师范大学出版社，

2005

李强. 自由主义. 北京：中国社会科学出版社，1998

李少军编. 近代中日论集. 北京：商务印书馆，2010

李提摩太，季理斐编. 哲学术语词典（A Dictionary of Philosophical Terms），上海：广学会，1913

李泽厚. 中国古代思想史论. 北京：生活·读书·新知三联书店，2008

李泽厚. 中国近代思想史论. 北京：人民出版社，1979

梁漱溟. 中国文化要义. 上海：上海人民出版社，2011

铃木正，卞崇道编. 日本近代十大哲学家. 上海：上海人民出版社，1989

刘静. 我国古代功利主义思想的发展及反思. 长春：吉林人民出版社，2017

刘岳兵. 日本近现代思想史. 北京：世界知识出版社，2009

米庆余. 明治维新——日本资本主义的起步与形成. 北京：求实出版社，1988

浦薛凤. 西洋近代政治思潮. 北京：北京大学出版社，2007

戚学民. 严复政治讲义研究. 北京：人民出版社，2014

任继愈主编. 中国哲学史一. 北京：人民出版社，2008

杉本勋. 日本科学史. 北京：商务印书馆，1978

上海《哲学小辞典》编写组. 哲学小辞典（儒法斗争史部分）. 上海：上海人民出版社，1974

沈国威. 近代中日词汇交流研究——汉字新词的创制、容受

与共享.北京：中华书局，2010

沈颐编著，喻璞等注.新中华国文（第一册至第三册），上海：中华书局，1932

石云艳.梁启超与日本.天津：天津人民出版社，2005

史有为.汉语外来词.北京：商务印书馆，2000

舒远招，朱俊林.系统功利主义的奠基人——杰里米·边沁.保定：河北大学出版社，2005

宋希仁主编.西方伦理学思想史.长沙：湖南教育出版社，2006

田广兰.功利主义伦理之批判.长春：吉林人民出版社，2008

王觉非编.英国政治经济和社会现代化.南京：南京大学出版社，1989

王润生.西方功利主义伦理学.北京：中国社会科学出版社，1986

王晓范.文化传统与现代化——中日近代摄取西方政治思潮探微.杭州：浙江大学出版社，2012

韦政通.中国思想史.台北：水牛出版社，1980

魏悦.中西方功利主义思想之比较研究.哈尔滨：哈尔滨工业大学出版社，2010

吴潜涛.日本伦理思想与日本现代化.北京：中国人民大学出版社，1994

夏晓虹.觉世与传世——梁启超的文学道路.上海：上海人

民出版社，1991

夏勇. 中国民权哲学. 北京：生活·读书·新知三联书店，2004

徐庆利. 中西方功利主义政治哲学之比较研究. 大连：大连海事大学出版社，2010

学部编订名词馆编撰. 伦理学中英名词对照表. 1911

严绍璗. 日本中国学史稿. 北京：学苑出版社，2009

杨昌济. 西洋伦理学述评·西洋伦理学史. 长春：时代文艺出版社，2009

杨思斌. 功利主义法学. 北京：法律出版社，2004

余心. 欧洲近代戏剧. 北京：商务印书馆，1933

张传开，汪传发. 义利之间——中国传统文化中的义利观之演变. 南京：南京大学出版社，1997

张岱年. 中国伦理思想研究. 上海：上海人民出版社，1989

张朋园. 梁启超与清季革命. 长春：吉林出版集团有限责任公司，2007

张延祥. 边沁法理学的理论基础研究. 北京：法律出版社，2016

郑杭生，江立华编. 中国社会思想史新编. 北京：中国人民大学出版社，2010

郑匡民. 梁启超启蒙思想的东学背景. 上海：上海书店出版社，2003

周敏凯. 十九世纪英国功利主义思想比较研究. 上海：华东

师范大学出版社，1991

朱明. 日本文字的起源及其变迁. 南京：中日文化协会，1932

朱自清. 朱自清全集第三卷. 长春：时代文艺出版社，2000

毕苑. 中国近代教科书研究. 北京师范大学博士学位论文，2004 年

陈力卫. 主义概念在中国的流行和泛化.《学术月刊》2012 年第 9 期

川尻文彦."自由"与"功利"——以梁启超的"功利主义"为中心.《中山大学学报》(社会科学版)2009 年第 5 期

李青. 论"功利主义"概念内涵在中国语境中的变迁——兼论 utilitarianism 汉语译词的变化及厘定.《同济大学学报》(社会科学版) 2018 年第 1 期

余又荪. 日译学术名词沿革（续）.《文化与教育》1935 年第 70 期

段炼. 世俗时代的意义探询——五四启蒙思想中的新道德观研究. 华东师范大学博士学位论文，2010 年

冯洁. 论戊戌时期的乐利学说. 华东师范大学博士学位论文，2009 年

晋运锋. 当代功利主义正义观研究. 吉林大学博士学位论文，2011 年

李淑娟. 功利主义法学：渊源与流变. 北京大学博士学位论文，2006 年

李燕涛.从立法主权到人民主权——边沁主权学说研究.吉林大学博士学位论文，2012 年

区建英.福泽谕吉政治思想剖析.《世界历史》1986 年第 7 期

刑雪艳.日本明治时期民权与国权的冲突与归宿.中国社会科学院博士学士论文，2009 年

熊英.罗存德及其（英华字典）研究.北京外国语大学博士学位论文，2014 年

阎云峰.功利主义在近现代中国——以边沁主义为主线.厦门大学博士后出站报告，2013 年

张立伟.权利的功利化及其限制.中国政法大学博士学位论文，2006 年

张玉堂.边沁功利主义分析法学研究.华东政法大学博士学位论文，2010 年

大久保利謙編.西周全集.第 1—4 卷.宗高書店，1981 年

高山林次郎.奠都三十年：明治三十年史.明治卅年間国勢一覧.博文館，1898

加藤弘之.道徳法律進化の理.博文館，1904

菅原光.西周の政治思想——規律・功利・信.ぺりかん社，2009

井上哲次郎，有賀長雄編.哲学字彙（改訂増补）.东洋館，1882

井上哲次郎.井上哲次郎自传.島菌進,矶前順一編.井上哲次郎集.第 8 卷.クレス，2003

井上哲次郎. 倫理新説. 酒井清造，1883

井上哲次郎. 明治哲学界の回顧. 岩波書店，1932

井上哲次郎. 哲学叢書. 第 1 卷，集文阁，1900

井上哲次郎等編. 哲学字彙. 东洋馆，1881

铃木修一. 西周「人生三宝説」を読む. 『明六雑誌』とその周辺：西洋文化の受容・思想と言語. 神奈川大学人文学研究所編，御茶の水書房，2004

麻生義輝編. 西周哲学著作集. 岩波書店，1933

［英］约翰・穆勒. 利学. 西周訳. 島村利助掬翠楼藏版，1877

［英］约翰・穆勒. 利用論. 渋谷啟藏訳. 山中士兵衛，1880

明治文化研究会. 明治文学全集. 第 12 卷. 筑摩書房，1973

穆勒. 自由之理. 中村正直訳. 自由出版会社，1872

山田孝雄. 英国功利主義の日本への導入についての一考察，帝京短期大学紀要，1979

沈国威編. 近代英华华英辞典解题. 关西大学出版部，2011

西周. 西先生論集：偶評. 内田弥兵，1882

小林武，佐藤豐. 清末功利思想と日本. 研文出版社，2011

佐藤豐. 嚴復と功利主義，受知教育大学研究報告，（人文・社会科学編）54 期，2001

Fred Berger. *Happiness，Justice and Freedom. The Moral and Political Philosophy of John Stuart Mill*. Berkeley：University of California Press，1984

Elie Hal é vy. *The Growth of Philosophic Radicalism*. New York:The Macmillan Company, 1928

Emmanuelle De Champs. *Enlightenment and Utility*. Cambridge:Cambridge University Press, 2015

Geoffrey Scarre. *Utilitarianism*. London:Routledge, 1996

Geza Engelmann. *Political Philosophy from Plato to Bentham*. New York and London:Harper and brother, 1927

J. R. Dinwiddy. *Radicalism & Reform in Britain 1780—1850*. London:The Hambledon Press, 1992

Jeremy Bentham. *A Fragment on Government*. Oxford: The Clarendon Press, 1891

Jeremy Bentham. *An Introduction to the Principles of Morals and Legislation*. London:Methuen & Co. Ltd, 1982

John Stuart Mill. *Utilitarianism*. London:Parker Son and Bourn West Strand, 1863

Karl Polanyi. *The Great Transformation*. New York: Farrar & Rinehart, 1994

Richard A. Cosgrove. *The Rule of Law: Albert Venn Dicey, Victorian Jurist*. Raleigh:The University of North Carolina Press,1980

Ross Harrison. *Bentham. The Arguments of the Philosophers*. London:Routledge, 1999

The Correspondence of Jeremy Bentham, Volume 1 –

12. London: UCL Press, 1984—2016

Webster Noa. *An American Dictionary of the English Language*. New York: Harper and Brothers, 1848

William Fleming. *Vocabulary of Philosophy, Mental, Moral, and Meta Physical; Quotations and References*. London and Glasgow: Richard Griffin and Company, 1858

William Thomas. *The Philosophic Radicals*. Oxford: Clarendon Press, 1979

William. L. Davidson. *Political Thought in England, the Utilitarians. From Bentham to Mill*. New York: Henry Holt and Company, 1915

Qiang Li. The Principle of Utility and the Principle of Righteousness, Yen Fu and Utilitarianism in Modern China. *Utilitas*, 1996, Vol. 8, No. 1

后记

1978 年初，笔者作为改革高考后的首届大学生开始自己的求学之路，大学毕业后的工作基本是和技术及管理相关，但一直保持着对人文学习的向往。 后有幸认识孙周兴教授。 在孙老师鼓励下，2014 年报考同济大学人文学院哲学专业，开始博士生涯，经孙老师指示门径，系统研究阅读，以期专业训练有素，获治学初阶。

　　博士论文选题时，作为参与了改革开放过程的经历者，笔者很想从社会实践的感受出发展开相关研究。 在孙老师的支持下，选择了在思想观念上与这场中国社会转型有着密切关系的"功利主义"概念作为研究主题。 当时的主要思考是认为功利主义作为一种推动社会转型发展的现代思想，已渗透影响到社会政治、经济、法律、文化等各领域，但功利主义是如何从西方传入中国；其具体传播路径如何；甚至为何采用"功利主义"作为中文译词等问题都需要进一步澄清，特别是功利主义作为西方现代概念在被引入中国社会的过程中，中国传统思想如何与其相互纠缠与影响? 在研究的指导思想上还涉及如何将功利主义置于所对应的社会实践背景下、结合功利主义所要回应的时代问题进行考察。

此后的几个寒暑从未懈怠，在查阅了大量文献，梳理了诸多线索后，完成了《"功利主义"概念史研究——从英国、日本到中国》的论文。 学业上自然颇多收益，尽管过程辛劳，却也非常享受，无论是考证出一段学术史实，还是对某一问题找到了学理上可以自洽的理论解释，都会收获那种难以名状的愉悦……。

学习过程中得到了许多学者的真诚帮助，特别是孙江教授。 2018 年前往南京向他请教概念史研究的相关问题，尽管此前我们并不相识，但得到了孙老师的热情接待，给予了详尽的指导。 此后还受邀参加南京大学举办的概念史国际研讨会并宣读研究文章，2020 年文章还被收录于孙江教授主编的《亚洲概念史研究》辑刊， 对孙江教授的奖掖，常念之感喟不已。

孙江教授发起出版"学衡尔雅文库"丛书，究往瞻前，立意甚高。 "功利主义"作为影响中国近现代历史进程的重要词语和概念之一，有幸被纳入丛书第一批出版计划。 此书以我博士论文部分内容修改补充而成，虽数易其稿，仍疏漏不免，初步贡献读者，并乞就正方家。

非常感谢江苏人民出版社陈颖编辑和王暮涵编辑，她们的敬业精神和辛勤付出是本书得以顺利出版的重要保证。

李青

2022 年 6 月 1 日于上海

学衡尔雅文库书目

第一辑书目

《法治》 李晓东 著

《封建》 冯天瑜 著

《功利主义》 李青 著

《国民性》 李冬木 著

《国语》 王东杰 著

《科学》 沈国威 著

《人种》 孙江 著

《平等》 邱伟云 著

《帝国主义》 王瀚浩 著

待出版书目（按书名音序排列）

《白话》 孙青 著

《共产主义》 王楠 著

《共和》 李恭忠 著

《国际主义》 宋逸炜 著

《国民/人民》 沈松侨 著

《国名》 孙建军 著

《进步》 彭春凌 著

《进化》 沈国威 著